떡제조

기초에서 응용까지

필기·실기 수록

이진택·신경은·윤미리·장경태·정은진 공저

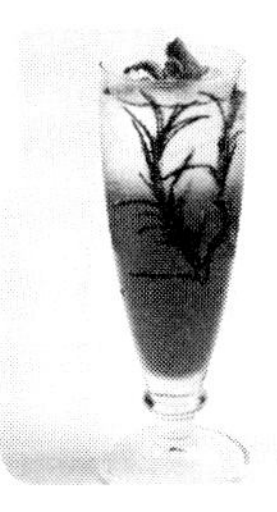

(주)백산출판사

책머리에

예로부터 우리나라는 구전(口傳)으로 내려오는 속담 중에 '싼 게 비지떡이다', '누워서 떡 먹기', '남의 떡이 커 보인다', '어른 말을 들으면 자다가도 떡이 생긴다' 등 떡(餠)에 대한 속담(俗談)이 유난히 많은 것이 특징이다. 이처럼 '떡'에 대한 이야기가 많다는 것은 농경사회를 기반으로 제천행사(祭天行事)를 중요시하며 살아온 우리민족에게 있어 그만큼 떡에 의미는 우리 민족의 역사와 문화에서 빼놓을 수 없는 중요한 전통음식이다. 라고 해석할 수 있다.

떡이란 곡식가루(穀食粉太)를 이용하여 찌거나, 그 찐 것을 치거나, 빚어 삶거나, 지져서 만든 음식이다. 떡의 기원은 정확히 알 수는 없으나 문헌이나 유물을 통해 삼국(고구려, 신라, 백제)이 성립되기 이전부터 만들어 먹었음을 추측할 수 있다. 특히 본격적인 농경문화(農耕文化)가 확립되고 곡물의 생산이 증대되면서 떡도 다양한 형태로 발전되었다. 고려시대에는 불교가 크게 융성하여 육식 절제 풍습이 존중되어 육식을 멀리하고 차(茶)를 즐기는 음다풍속(飮茶風俗)의 영향으로 과정류(菓飣類)와 함께 떡(餠)이 더욱 발전한 계기가 되었고, 상류층이나 세시(歲時) 행사와 제사음식 만으로서가 아닌, 하나의 별식으로 일반 서민층에까지 널리 보급되었다. 조선시대로 접어들면서 '숭유억불 정책(崇儒抑佛政策)'에 따른 유교의 영향으로 혼례(婚禮), 빈례(賓禮), 제례(祭禮) 등 각종 행사 및 대 · 소연회의 떡은 필수적인 음식으로 자리 잡았으며, 지금까지도 전통과 관습으로 이어져 내려오고 있다.

우리나라는 기후 · 계절과 밀접한 관계가 있는 농경 위주의 생활을 하고 세시가 뚜렷하므로 세시풍속(歲時風俗)이 발달하였다. 절식(節食)이란 다달이 있는 명절을 맞이하여 그 뜻을 기리며 만든 음식이고, 시식(時食)이란 계절에 따라 나는 재료로 만든 음식을 말한다. 설날, 정월 대보름, 중화절, 삼월 삼짇날, 사월 초파일, 단오, 유두일, 삼복, 칠석, 추석, 중양절, 시월 무오일, 동지, 납일 등 절식과 시식에는 떡을 만들어 이웃과 함께 나누어 먹음으로써 재앙을 예방하고, 몸을 보양하며, 조상을 숭배하고자 하였다. 또한 떡은 통과의례(通過儀禮)의 음식으로 삼칠일(三七日), 아기의 백일(百日), 첫돌, 책례(冊禮,) 성년례(成年禮,) 혼례(婚禮) 회갑(回甲), 제례(祭禮) 등에도 빠놓지 않는 것으로 기원(祈願), 복원(福願), 외경(畏敬), 존대(尊待)의 뜻이 담겨 있다.

19세기 말 이후 급격한 사회의 변동으로 서양에서 들어온 빵에 의해 떡은 우리 식탁에서 점점 밀려났다. 그러나 최근 우리의 떡은 맛, 모양, 포장 등의 다양성을 추구하고 있으며, 떡 케이크, 아침 식사대용, 레토르트 떡, 다이어트 떡, 기능성 떡으로 다양하게 출시되고 있다. 현재 한류 열풍을 통해 우리의 전통음식(K-디저트)은 새롭게 각광받고 있다. 앞으로 떡의 수요는 지속해서 증가할 것으로 예상되며, 한국의 전통과 현대의 문화를 모두 갖춘 트렌디한 전문 인력을 양성하는 것이 절실히 요구되고 있다.

본 교재의 구성은 story1에서 떡의 유래와 역사를 비롯한 떡의 의미와 제조이론을 기록하였으며 story2에서 떡 제조 기능사에 대한 이론적 기출문제와 story3에서 떡 제조 기능사에 대한 기능적 공개문제를 수록함으로서 떡 제조기능사 취득에 필요한 이론적 배경과 제조기능을 안내하였다. 또한 story4에서 현재 유행하는 떡과 한과류 및 음청류의 제조법을 제시하고 우리민족의 소중한 문화유산인 떡을 손쉽게 만들어 봄으로서 떡 문화의 대중성이라는 방향성을 제시하였다.

지금까지 이 책이 나오기까지 도움을 주신 모든 분들과 (주)백산출판사 진욱상 사장님을 비롯하여 이경희 부장님 편집부 직원 및 관계자 여러분들께 진심(眞心)으로 감사의 인사를 드리며 향후 부족한 부분은 개정을 통하여 보완 및 수정할 것을 약속드립니다.

2025. 2.

저자 일동

목 차

Story 1

한국 떡의 이해

Story 2

떡 제조기능사 필기 기출문제 & 예상문제

Story 3

떡 제조 기초편 떡 제조기능사 실기 공개문제

Story 4

떡 제조 응용편 현대 떡과 음청류

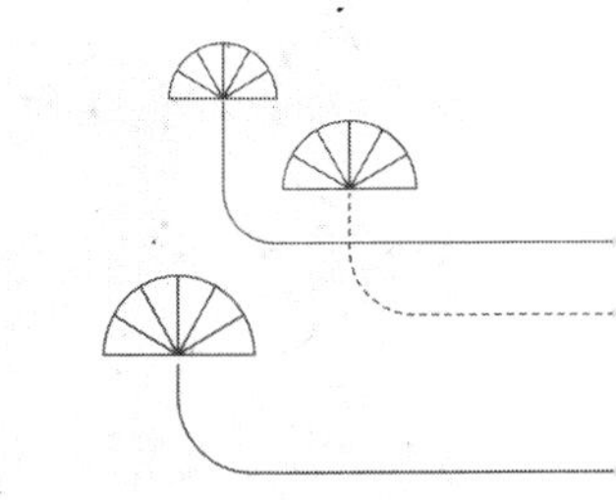

餠

떡 제조,

기초에서 응용까지 —

Story 1

한국 떡의 이해

1. 떡의 유래와 역사
2. 떡의 분류
3. 세시풍속과 떡
4. 통과의례와 떡
5. 향토성과 떡
6. 한과와 음청류
7. 떡·한과 식품재료
8. 떡·한과 제조도구
9. 떡 만들기 기초
10. 떡고물의 종류

Story 1 · 한국 떡의 이해

1. 떡의 유래와 역사

떡(餠)이란 곡식(쌀 · 찹쌀 · 잡곡)을 물에 불려 통이나 가루를 내어 찌거나 삶거나 기름으로 지져서 만든 음식을 통틀어 이른다. 떡을 일컫는 한자어로는 고(餻), 이(餌), 자(餈), 편(片), 병이(餠餌), 투(偸), 탁(飥) 등이 있으며 일반적으로『삼국사기』에서 유래된 병(餠)이라 부른다. 문헌상에서 떡이란 호칭은『규합총서(1809, 빙허각 이씨)』에 나타났으며『음식디미방(1670, 안동 장씨)』에서는 떡을 편(片)이라 칭했다.

떡의 어원

• 동사 '찌다'가 명사가 되어 〈찌기-떼기-떠기-떡〉으로 변화된 것으로 추측

1) 상고시대(上古時代: 삼국시대 이전)

한국 떡의 기원은 삼국(三國 : 고구려, 신라, 백제)이 정립되기 이전인 부족국가 시대 유목계의 영향을 받은 것으로 본다. 농사를 짓기 위한 가축의 발달과 함께 곡물(벼, 기장,

조, 피, 콩, 팥, 보리, 수수) 생산이 증가하면서 본격적인 농경사회로 진입하던 시기에 풍농(豊農)을 기원하는 주술적 의미의 제천행사에서 떡을 만들었을 것으로 파악된다. 특히 청동기시대의 유적인 나진초도 패총에서 시루가 발견되고 신석기시대의 유적지인 황해도 봉산 지탑리 유적에서 곡물의 껍질을 벗기거나 가루로 빻는 데 쓰는 원시적 도구인 갈판과 갈돌이 발견된 것으로 보아 이러한 추측을 뒷받침하고 있다.

갈돌[석봉(石棒)]

2) 삼국시대와 통일신라 시대

삼국시대의 떡에 대한 증거로는 여러 고분에서 시루가 출토되었고 특히 고구려시대 무덤인 안악 3호분의 벽화에 시루가 발견되었으며 『삼국사기』를 비롯한 『삼국유사』 등의 문헌에서도 떡에 관한 이야기를 찾아볼 수 있다. 이것은 삼국시대 및 통일신라 시대에 접어들면서 시행된 권농시책과 더불어 본격적인 농경시대가 전개되면서 다양한 곡물의 생산량이 증대되어 쌀을 비롯한 여러 가지 곡물을 이용함으로써 떡의 종류가 한층 다양해졌을 것으로 추측하고 있으며 특히 『삼국유사』의 「가락국기」 수로왕조에 "과(果)"가 제수로서 처음 언급되고 신문왕 때 왕비의 폐백 품목으로 "쌀, 술, 장(醬), 꿀, 기름, 메주(豉)" 등의 기록으로 보아 이 시기부터 한과류를 만들었을 것으로 짐작할 수 있다.

안악 3호분

시루

찜기와 시루

3) 고려시대

고려시대 역시 이전 시대의 권농정책의 영향을 받아 곡물의 생산이 크게 늘고 특히 육식을 멀리하고 차(茶)를 즐기는 음다풍속(飮茶風俗)이 유행했다. 따라서 과정류(유밀과, 다식)를 비롯한 떡이 더욱 발전하는 계기가 되었다. 이 시기는 떡의 종류와 조리법이 매우 다양해졌으며 '고려율고'라는 음식이 등장하고 원나라 찐빵의 일종인 '상화'가 유입되었다.

고려시대 떡의 특징

- 과학적인 떡 조리법 개발
  - 설기떡 제조 시 꿀물을 내려 탄력성과 보존성을 높임
  - 고물을 사용하여 떡의 약리적 효능을 높여 영양성을 보강함
- 밤 가루, 쑥 잎, 감, 대추, 송기 등 다양한 잡곡의 사용으로 재료의 다양화

4) 조선시대

조선시대에는 농업기술과 음식의 조리 및 가공기술이 발달하여 식생활 문화가 향상되고 유학의 영향으로 '숭유배불주의(崇儒排佛主義)'가 퍼졌다. 관혼상제 등의 의례와 세시행사는 물론 혼례(婚禮) · 빈례(賓禮) · 제례(祭禮) 등 각종 행사에 떡이 관습적으로 자리매김함에 따라 조과류와 함께 다양한 떡이 전통음식으로 발전하였다. 특히 단순히 곡물가

루를 쪄서 익혀 만드는 방법에서 벗어나 점차 다른 곡물을 배합하거나 부재료로 사용하는 소와 고물의 재료로 꽃이나 열매 · 뿌리 · 향신료를 이용하게 되었다.

조선시대 떡의 특징

- 유교의 발달로 관혼상제 등 의례와 세시행사 발달
- 영양의 변화와 함께 꽃이나, 열매, 뿌리, 향신료의 이용으로 색과 모양이 화려해짐
- 『음식디미방』, 『요록』, 『규합총서』 등 조리서가 발간되어 떡과 조리기술 발달
- 시절식의 발달로 떡이 발달
- 지역 특성에 따른 향토 떡 발달

떡의 유래	
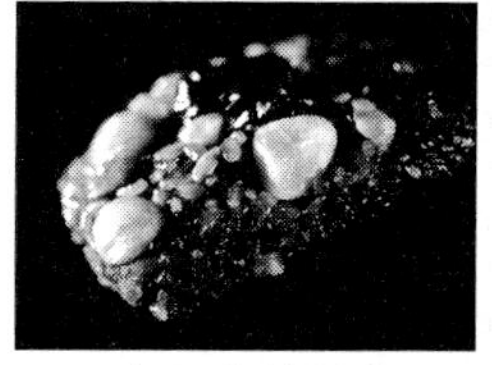 약밥·약반(藥飯)	신라 소지왕 10년(488) 모반을 꾀한 신하와 궁주에 의해 위기에 처한 왕을 까마귀가 알려 주어 위기를 모면한 후 이날을 기려 오기일(烏忌日: 정월 15일)로 정하고 찰밥을 지어 까마귀에게 제사를 지낸 데서 유래되었다. 「삼국사기(三國史記)」
 수단	유두천신(流頭薦新)이라 하여 조·피·벼·콩 등 여러 가지 곡식을 과일과 함께 사당에 차려놓고 한 해 농사가 잘되기를 바라는 고사를 지낸 데서 유래되었으며 『시의전서(是議全書)』에 떡수단 만드는 방법이 전해진다. 『목은집(牧隱集)』
 송편	원래 이름은 '송병'으로 백제 말기(의자왕) 궁궐에서 발견된 거북이 등에 '백제는 만월(滿月)이고, 신라는 반달(半月)'이라는 글씨가 새겨져 있는 것을 신라 사람들이 전해 듣고 신라가 융성해질 것을 바라는 마음에서 떡을 반달 모양으로 빚기 시작한 데서 유래되었다. 「삼국사기(三國史記)」

 석탄병	멥쌀가루와 감 가루(수시: 잘 익은 감), 설탕과 잣가루, 생강, 녹말, 계핏가루, 대추, 밤 등을 섞은 후 녹두 고물을 이용해서 찐 시루떡으로 『규합총서(1809)』와 『시의전서』, 『부인필지』 등에 등장한다. 아낄 석(惜), 삼킬 탄(呑), 떡 병(餠)의 한자음을 사용하며 '삼키기 아까울 정도로 맛이 있다'는 의미가 있으며, 멥쌀가루와 감 가루(수시: 잘 익은 감), 설탕과 잣가루, 생강, 녹말, 계피가루, 대추, 밤 등을 섞은 후 녹두고물을 이용해서 찐 시루떡이다. 『규합총서(閨閤叢書)』
 두텁떡	왕의 탄신일 등 축하 연회가 있을 때 빠지지 않던 고급 떡으로 고려 말기부터 만들어 먹던 것으로 추정된다. 『원행을묘정리의궤』에 따르면 정조대왕의 어머니 혜경궁 홍씨의 환갑상에 올린 것으로도 기록되어 있으며 모양이 두껍고 봉우리를 닮았다 하여 '봉우리 떡'이라고도 한다. 『규합총서(閨閤叢書)』
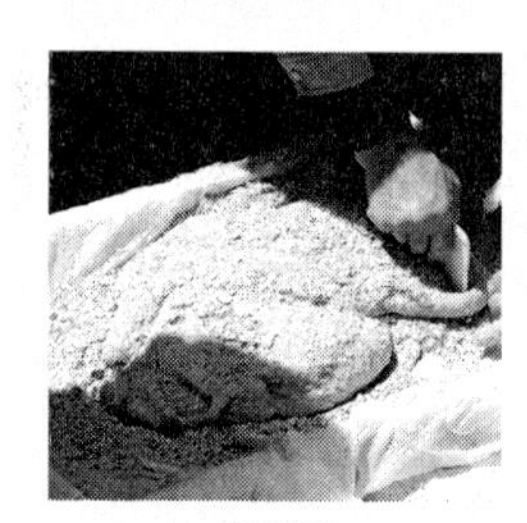 인절미	인절미는 도병(擣餠)에 속하고 고려 때의 제사식(祭祀食)에 수록된 것으로 미루어 그 역사가 오랜 것으로 추측되며, 조선시대 연안지역의 인절미가 유명했다. 또한 인절미는 민간어원설로 조선조 인조가 이괄의 난을 피해 충청남도 공주의 공산성으로 피난을 갔을 때 임씨라는 농부가 절미한 떡이라 하여 '임절미'라 한 것이 오늘날 인절미로 불리게 된 것으로 추정하기도 한다. 인절미는 혼례 때 신랑과 시집 식구와의 사이를 결착시키는 상징적 의미와 함께 '끈기'의 의미로 다양한 행사에 사용된다. 『주례(周禮)』: 인절미가 떡 중에서 가장 오래되었다고 소개 『고려사(高麗史)』: 인절미가 白餠(백병, 쌀떡), 黑餠(흑병, 수수떡), 酏食(이식, 술떡) 등과 함께 종묘대제(宗廟大祭)에 올리는 떡으로 기록.

떡이 소개된 대표적인 문헌

- **『거가필용(居家必用), 원대(元代)』**

  작자: 미상

  "고려율고(高麗栗糕)"라는 밤가루와 멥쌀가루를 섞어 꿀물에 내려 시루에 찐 우리 설기떡 소개

- **『삼국유사(三國遺事), 1281년』**

  작자: 일연(一然)

  고구려, 백제, 신라의 삼국유사를 모아 기록한 책으로 삼국 이외에 단군신화를 비롯한 고대의 것도 기록되어 있으며 김부식의 『삼국사기』가 유교의 합리주의적 사고(思考) 또는 사대주의 사상이 녹아 있다면 삼국유사는 민간의 신앙과 전설, 생활 등에 있어 고기(古記)의 기록들을 원형대로 온전히 수록함에 따라 역사적 사료로서 가치가 높다고 평가된다.

- **『목은집(牧隱集), 1404년』**

  작자: 이색

  고려 말기와 조선 초기 성리학의 대가인 이색의 시가와 산문을 엮어 만든 시문집으로 정치·사회에 관한 원천적 사료라 할 수 있으며 고려 말기의 지식인 사회와 정치 상황을 알아보는 귀중한 사료이다.

  * 유두일 수단(水團)과 차전병, 송편 소개

- **『도문대작(屠門大爵), 1611년』**

  작자: 허균(許筠)

  『홍길동전』의 저자 허균이 유형지에서 지난날 자신이 먹어 본 음식의 기억을 되살려 팔도의 명물에 대하여 품평한 음식 품평 책. '도문(屠門)'이란 소나 돼지를 잡는 푸줏간의 문, '대작(大嚼)'은 크게 씹는다는 의미로 현재 먹을 수 없는 고기를 생각하며 '푸줏간 문을 향해 입맛을 다신다'라는 뜻을 내포한다.

- **『지봉유설(芝峰類說), 1614년』**

  작자: 이수광

  저자 본인이 오랜 시간 동안 보고 들은 사실과 평소에 느끼고 깨달은 바를 체계적으로 분류하여 편찬한 것으로 인조 11년(1633년) 저자의 두 아들에 의해 『지봉선생집』이라는 이름으로 함께 출간되었다.

  * 쌀가루에 쑥을 섞어 찐 쑥설기(청애병, 靑艾餠) 소개

- **『음식디미방 (飮食知味方, 음식지미방) 1670년경』**

  작자: 안동 장씨(貞夫人 安東 張氏)

  동아시아 최초로 여성이 집필한 조리서이며 한글로 쓴 최초의 조리서이다. 저자인 안동 장씨는 조선 중기의 문인이자 요리 연구가였다. 표지에 "규곤시의방"이라 쓰였으며 내용 첫머리에 "음

식디미방(음식의 맛을 아는 방법)"이라고 쓰여 있다.
* 상화법, 증편법, 잡과편법, 밤설기 소개

- **『해동역사(海東歷史), 1765년』**

작자: 한치윤, 한진서
단군조선에서 고려시대까지의 한반도 역사를 중국, 일본 등 외국의 서목 550여 종에서 자료를 뽑아 쓴 책이다. 특히 물산(物産), 풍속편이 우리나라 식생활사 연구에 절대적인 도움을 주고 있다.
* 고려 사람들이 밤설기 떡인 율고(栗糕)를 잘 만든다고 칭송한 중국인의 견문 소개

- **『증보산림경제(增補山林經濟), 1766년』**

작자: 유중림(柳重臨)
홍만선의 『산림경제』를 영조 42년(1766)에 유중림(柳重臨)이 증보한 농업책이다.
* 도행병: 복숭아살구떡, 석이병, 잡과떡, 밤떡 등 소개

- **『임원경제지(林園經濟志), 19세기 初)**

작자: 서유구(徐有榘)
한자로 쓴 전통 백과사전으로 농촌의 살림살이에 관한 생활과학서이다. 이 책에는 농업은 물론 의학, 무술, 방적, 요리, 악기 다루는 법, 제사 지내는 법, 낚시하는 법 등 생활에 필요한 지식이 정리되었다. 특이점으로 『증보산림경제』 및 조선과 중국, 일본은 물론 서양에서 들여온 서적까지 종합하여 조선 실정에 맞추어 자신과 다른 학자들의 연구를 더하고 가다듬어 만든 책으로 알려져 있다.

- **『규합총서(閨閤叢書), 1809년』**

작자: 빙허각 이씨(憑虛閣李氏)
서유구의 형 서유본(徐有本)의 처 빙허각 이씨(憑虛閣 李氏: 여성 실학자)가 자녀를 위해 엮은 한글판 가정(여성)백과서다.
* 백설고, 유자단자, 석탄병, 두텁떡 소개

- **『동국세시기(東國歲時記), 1849』**

작자: 홍석모(洪錫謨, 정조, 순조 때의 학자)
중국의 『형초세시기』를 모방하여 우리나라의 12달 행사와 풍속을 설명한 책이다.

- **『시의전서(是議全書), 19세기 말』**

작자: 미상
조선 말기 경상북도 상주(尙州)의 반가에서 사용되던 요리책을 베껴둔 필사본이 전해진 책으로 다양한 한국 음식이 분류되어 있다. 내용으로는 17종의 술 빚는 방법과 다양한 식품의 종류, 건어물, 채소가 많이 수록되어 한국 요리 연구에 귀중한 사료로 평가된다. 특히 곁상, 오첩반상, 칠첩반상, 구첩반상, 술상, 신선로상, 입맷상 등의 반상도의 원형을 찾을 수 있으며 식혜와 감주의 의미를 규명하고 비빔밥이란 용어가 문헌상 처음으로 언급되었다.

- 『조선요리제법(朝鮮料理製法), 1917년』
  작자: 방신영(方信榮, 1890~1977) 이화여자전문학교 가사 교수
  우리나라 음식을 집대성하여 집필한 근대식 조리책이다.
- 『조선무쌍신식요리제법(朝鮮無雙新式料理製法) 1924년』
  작자: 이용기
  한국 최초로 요리책에 색을 도입한 것으로 알려져 있다.

2. 떡의 분류

1) 찌는 떡

찌는 떡(증병, 蒸餠)은 멥쌀이나 찹쌀을 물에 담갔다가 가루로 만들어 시루에 안친 뒤 김을 올려 익히는 떡으로 오래된 역사만큼이나 종류가 다양하다. 증병은 찌는 방법에 따라 설기떡(백설기, 무지개떡), 켜떡(상추떡, 느티떡), 빚어 찌는 떡(송편), 부풀려서 찌는 떡(증편)으로 구분한다.

찌는 떡의 종류	
설기떡	멥쌀가루를 물이나 꿀물(설탕) 또는 시럽, 소금을 넣어 체에 내리고 이를 다시 체에 쳐서 내리기를 여러 번 반복한 후 시루에 안쳐 찐다. 이는 쌀가루에 적당한 수분과 공기를 혼입하여 쌀의 전분이 쉽게 호화될 수 있도록 수분함량을 조절하는 방법이다. 이 과정을 거치면 쌀가루 입자가 고르게 됨으로써 일정하게 익게 되어 설기떡에 탄력이 생기고 부드러움의 정도가 조절될 수 있다. 그러나 쌀가루를 체에 내리는 과정에서 수분이 지나치거나 설탕이 많아지면 떡의 조직이 유연성을 지니지 못하고 질겨진다.
켜떡	멥쌀가루나 찹쌀가루에 고물을 켜켜이 얹어가며 시루에 안쳐 찐 떡이다. 켜를 두둑하게 안친 것을 '시루떡(例, 고사떡)'이라 부르고 켜를 얇게 안친 것을 '편(例, 백편)'이라 한다. 또한 주재료가 찹쌀가루냐 멥쌀가루냐에 따라 찰시루떡과 메시루떡으로 나누며, 고물을 얹느냐 얹지 않느냐에 따라 찰시루떡은 찰시루 켜떡과 찰시루 편, 메시루떡은 메시루 켜떡과 메시루 편으로 구분된다.

빚어 찌는 떡	빚어 찌는 떡에는 모양을 빚어 찐 것(송편)과 모양을 형성해 가면서 찌는 방법(두텁떡)이 있다.
부풀려 찌는 떡	술을 넣어 묽게 반죽하여 쪄내는 증편이나 술을 넣어 되게 반죽하여 부풀려서 찌는 떡(例, 상화떡)이 있다.

2) 치는 떡

치는 떡(도병, 擣餠)은 곡물의 껍질을 벗겨낸 후 곡립 상태나 가루 상태로 만들어 시루에 찐 다음 절구나 안반 등에 놓고 친 것으로 찰기(쫀득함)가 살아있는 떡이다. 여기에는 인절미와 절편, 개피떡류 등으로 나눌 수 있다.

치는 떡의 종류	
절편류	떡가래를 빚어서 알맞은 크기로 잘라 떡살로 모양(문양)을 내어 만든 것이다.
단자류	찹쌀가루에 물을 주어 찌거나, 익반죽을 하여 반대기를 만들어 끓는 물에 삶아 꽈리가 일도록 쳐서 적당한 크기로 빚거나 썰어서 고물을 묻힌 떡으로 들어가는 재료에 따라 석이단자, 쑥단자, 각색단자, 유자단자, 밤단자 등으로 불린다.
주재료에 의한 분류	찹쌀도병, 멥쌀도병
고물의 종류에 의한 분류	콩 인절미, 팥 인절미, 깨 인절미

3) 지지는 떡

지지는 떡(유전병, 油煎餠)은 찹쌀가루를 뜨거운 물로 익반죽하고 모양을 만들어 기름에 지진 떡으로 화전류, 주악류, 부꾸미류, 전병류 등이 이에 속한다.

치는 떡의 종류	
화전(花煎)류	뜨거운 물로 익반죽한 찹쌀가루를 동글 넓적하게 만든 뒤, 꽃잎을 붙여 기름에 지진 떡이다. 계절과 상황에 따라 진달래(두견화)·장미·국화 등의 꽃과 꿀, 기름 등을 사용한다. 화전류는 전화병, 유전병이라 하여 『도문대작』에 처음 기록되었으며 이후 『음식디미방』, 『증보산림경제』 등에서 메밀가루, 녹두가루 등을 이용한 기록이 있다.
주악류	찹쌀을 익반죽하여 깨나 곶감, 유자청 등으로 만든 소를 넣고 빚어 기름에 튀긴 떡이다. 종류로는 승검초(당귀)주악, 은행주악, 대추주악, 석이주악 등이 있으며 특히 개성주악이 유명하다.
부꾸미류	부꾸미는 찹쌀 · 찰수수 등을 물에 불렸다가 갈아서 익반죽하여 소를 넣고 반달처럼 접은 떡으로 찹쌀부꾸미, 수수부꾸미, 결명자부꾸미 등이 유명하다.
전병류	전병류는 화전, 주악류, 부꾸미 이외에 기름에 지지는 떡을 총칭한다. 서여향병, 메밀총떡, 섭산삼병(더덕) 등이 있으며 『도문대작』에서는 "자병(煮餠)"으로 기록되었다.

4) 삶는 떡

삶는 떡(탕병 湯餠)은 경단류(오메기떡)를 의미하고 찹쌀을 익반죽하여 빚은 후 끓는 물에 삶아 건져서 고물을 묻힌 것으로 고물의 종류에 따라 이름을 달리하며 만들 수 있다. 경단류의 문헌상 기록으로는 『요록』에 "경단병"이란 이름으로 처음 기록되었으며, "찹쌀가루로 떡을 만들어 삶아 익힌 후 꿀물에 담갔다가 꺼내어 그릇에 담아 다시 그 위에 꿀을 더한다"라는 기록이 있다.

삶는 떡의 종류	
경단류	찹쌀가루를 반죽하여 둥글게 빚은 후 삶아 만든 떡으로 소를 넣거나 고물을 묻혀 먹는다.
꿀떡	찹쌀가루를 반죽하여 둥글게 빚은 후 삶아 만든 떡으로 설탕, 팥, 꿀을 소로 이용하며 달콤한 맛을 낸다.

3. 세시풍속과 떡

세시풍속(歲時風俗)이란 농경생활을 하는 우리 민족에게 있어 일 년을 기준으로 삼아 일정한 시기에 반복적으로 시행하는 의례적인 생활행위이다. 이러한 세시 풍속에는 민간신앙을 비롯한 역사적 의의와 풍류, 악귀를 물리친다는 의미와 함께 보양(保養) 및 보신(保身)은 물론 계절적 생산성과 밀접한 관계가 있다. 이에 따른 세시음식은 명절음식과 시절음식으로 분류할 수 있다. 명절음식은 절일(혹은 명일)의 의미에 맞게 만들어 먹는 음식을 말하며, 시절음식은 봄, 여름, 가을, 겨울의 각 계절에 나는 제철식품으로 만드는 음식을 말한다.

세시풍속의 배경	
농경의례 및 민간신앙을 배경으로 한 절식 풍속	설날(정월 초하루), 정월 대보름, 상원, 단오, 유두, 한가위, 상달, 동지절식, 납향절식
역사적 의의가 있는 절식 풍속	상원, 단오, 유두, 삼복, 동지절식
계절적 생산성과 밀접한 관계가 있는 절식 풍속	입춘, 중삼, 중구, 한가위, 납향절식
종교문화를 배경으로 한 절식 풍속	석가탄신일, 동지절식
보신·보양을 위한 절식 풍속	삼복절식
풍류적 절식 풍속	삼짇날, 단오, 중삼, 중구절식

1) 정월 초하루

고려시대에는 팔관회와 연등회 등 불교적 세시풍속이 주를 이루었으나 조선시대에 들어서는 한식, 단오, 추석과 함께 4대 명절의 하나로 특히 유교적 특성으로 인해 설 차례를 비롯한 조상제사가 중시되었다.

정월 초하루에는 경건하고 신성한 마음으로 복을 기원하는 의미로 흰떡을 만들어 떡국을 끓여서 차례상에 올렸다. 시루에 쪄낸 떡을 길게 늘여 가래로 뽑는 것에는 재산이 늘길 바라는 마음이 담겨 있다.

• **정월 한과류**: 엿강정, 산자, 약과, 다식, 숙실과, 약식

2) 정월 대보름(上元)

농경을 우선시하던 우리 민족에게 대보름은 매우 중요한 명절로 여겨져 왔으며 대보름의 상징적 의미는 달과 여신, 대지의 풍요를 기본으로 한다. 절식으로는 신라 소지왕 시절 목숨을 구해준 까마귀에 대한 보은의 의미로 찹쌀을 쪄서 까마귀가 좋아하는 대추를 비롯해 밤과 설탕을 넣고 참기름과 진간장을 넣어 버무린 뒤 오랜 시간 쪄낸 약식을 비롯하여 복쌈, 부럼, 귀밝이술, 오곡밥, 묵은 나물 등을 만들어 먹었다.

3) 중화절(中和節)

1796년(정조 20년) 중국의 풍습을 본떠 임금이 공경(公卿)과 근신(近臣)에게 잔치를 베푼 데서 유래했으며 민간에서도 음력 2월 초하룻날에 농사가 시작된다고 해서 '노비일'이라 하여 일꾼들을 잘 먹였다. 특히 커다랗게 만든 삭일송편(朔日松餠)을 쪄서 노비들에게 나이 수대로 나누어 줌으로써 농사일이 시작되는 절기에 노비들을 격려하기도 했다.

• **이월 한과류**: 콩엿을 비롯한 엿류

4) 삼짇날(重三節)

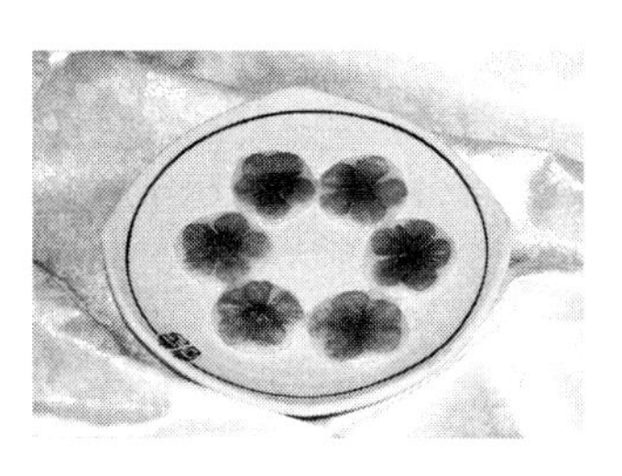

답청절(踏青節)이라 하여 강남 갔던 제비가 돌아오고 들판에 나가 새 풀을 밟으며 꽃놀이를 즐겼다.

절식으로는 찹쌀가루 반죽에 진달래 꽃잎을 얹어 번철에 지져 꿀을 발라먹는 진달래 화전(花煎)과 녹두가루를 반죽하여 익혀서 가늘게 썰어 오미자(五味子) 물에 넣고 꿀을 타 먹는 화면(花麪), 찹쌀과 송기, 쑥을 넣어 만든 고리떡[環餠]과 어린 쑥잎을 따서 찹쌀가루에 섞어 쪄서 만든 쑥떡을 만들어 먹었다.

- **삼월 한과류**: 과일화채, 녹두과편, 창면

5) 청명과 한식

'청명에는 부지깽이를 꽂아도 싹이 난다'는 말처럼 하늘이 맑아지고 농사를 시작하는 봄의 대표적인 절기이다. 이즈음에는 연한 쑥을 넣어 만든 절편과 쑥을 넣어 찐 찰떡에 팥과 꿀을 소로 넣어 빚은 쑥단자를 만들어 먹었다.

6) 석가탄신일(燈夕: 등불을 켜다)

관등절(觀燈節)이라고도 하며 석가탄신을 경축하고 느티나무의 어린 순을 따서 쌀가루에 넣고 팥고물을 켜켜이 넣어 찐 느티떡(유엽병, 시루떡)과 장미화전을 즐겼다. 장미화전은 두견화전처럼 찹쌀가루 반죽에 노란 장미꽃을 얹어 지진 것이다.

7) 단오(端午)

5월 5일인 단옷날을 수릿날이라고 하는데 일 년 중 양기(陽氣)가 가장 왕성한 날로서 '수리'는 높은 신(神)이 온다는 의미다. 『동국세시기(東國歲時記)』에는 "단옷날 수리취(戌衣翠)라는 나물을 뜯어 떡을 해먹기도 하고 쑥으로 떡을 해서 먹는데, 그 모양이 마치 수레바퀴처럼 둥글어

서 수릿날이라는 명절 이름이 생겼다"라고 전해지며 떡살의 문양이 수레바퀴 모양이어서 차륜병(車輪餠)이라고도 한다. 이는 차륜병을 먹고 수레바퀴처럼 인생이 술술 잘 돌아가기를 뜻하며 장수를 기원하는 의미가 있다.

- **오월 한과류**: 제호탕, 앵두화채, 앵두과편

8) 유월 유두절(流頭節)

유두는 복중(伏中)에 들어 있어 매우 더운 절기로 이날은 맑은 개울이나 폭포에 가서 머리를 감고 몸을 씻은 뒤 준비해 간 음식을 먹으면서 시원하게 하루를 지낸다. 농신(農神)께 풍년을 기원하고 상화병(霜花餠)과 밀전병, 떡수단과 보리수단 등을 만들어 먹었다.

9) 칠석과 삼복

7월 7일의 칠석날에는 설화 속의 견우와 직녀가 만나는 날로 호박과 오이, 참외를 이용한 음식을 만들어 먹었으며 삼복(三伏) 날에는 더위에 지친 몸을 보(補)하기 위해 보신(補身), 보양(保養) 음식과 함께 쌀가루에 술을 넣어 반죽하여 알맞게 발효시켜 찐 증편을 만들어 먹었다. 증편은 맛이 새콤하여 더운 여름날 쉽게 상하지 않고 입맛을 돋우어 주는 떡이다.

10) 한가위와 중양절

한가위는 "더도 말고 덜도 말고 한가위만 같아라"라는 말이 있듯이 오곡백과(五穀百果)가 익어가는 시기로 추석이 되면 햅쌀로 조상에게 감사의 제를 올렸으며 절식으로

송편을 만들어 먹었다. 추석 때 햅쌀이 나오지 않거나 햇곡식으로 제사를 올리지 못한 경우에는 태음력 9월 9일인 중양절에 차례를 모시기도 하였으며 국화주(菊花酒), 국화전(菊花煎), 밤떡(栗糕)을 만들어 먹었다.

11) 10월 상달

우리 선조들은 10월을 일 년 중에서 가장 신성한 달로 여겨 '시월 상달'이라 불렀으며 가정마다 고사일을 정해 시루떡을 만들어 가정의 평안을 기원하는 제천의식(고사:祭天儀式)을 지냈다. 이때의 떡은 찰떡, 메떡, 수수떡에 콩, 호박오가리, 곶감, 대추 등을 넣거나 무시루떡을 쪄서 사용하였다. 고사떡은 팥 시루떡으로 만드는데, 팥을 사용하는 이유는 붉은색이 악귀를 쫓는다는 속설을 따르는 것이다.

12) 동지(冬至)

동지를 흔히 '아세(亞歲)' 또는 '작은 설'이라 하여, 태양의 부활이라는 큰 의미로 설 다음가는 작은 설로 대접했다. 다가올 새해의 평안을 기원하는 의미로 이날은 찹쌀가루로 경단을 만들고 팥죽을 끓여 벽에 뿌리며 먹었는데, 이는 붉은색이 귀신을 쫓는 벽사진경의 의미를 담고 있기 때문이다.

13) 납일(蠟日)

납일이란 동지 뒤에 셋째 미일(未日)인데 사람이 살아가는 데 도움을 준 천지만물의 신령에게 음덕을 갚는 의미로 제사를 지내는 날이다. 멥쌀가루를 시루에 쪄 팥소를 넣고 골무 모

양으로 빚은 골무떡을 만들어 먹는다. 또한 꿀과 엿에서 당분을 주로 얻었던 시기였기에 엿을 고는 풍속도 있다.

- **12월 한과류**: 엿강정, 유과, 엿, 약과, 다식, 식혜, 수정과

4. 통과의례와 떡

통과의례(通過儀禮)란 사람이 태어나서 죽음에 이르기까지 반드시 거치게 되는 몇 차례의 중요한 의례를 말한다. 여기에는 출생의례(出生儀禮)와 성년례(成年禮), 혼인례(婚姻禮), 상장례(喪葬禮)가 포함되며 이를 통틀어 통과의례(通過儀禮)라고 한다. 예로부터 우리 조상들은 이러한 통과의례 시기에 인생의 역경과 고비를 잘 넘기기를 바라는 마음에서 '통과의례 음식'을 차려서 이날을 기념했다.

통과의례와 떡	
삼신상과 삼칠일	삼신상은 아기를 점지하고 산모와 산아를 돌봐주는 세 신령에게 감사의 의미로 올리는 상으로 아이와 산모를 속세와 구별하여 산신(産神)의 보호 아래 둔다는 신성의 의미인 백설기를 사용한다.
백일	백일에는 백설기, 붉은 찰수수경단, 오색송편을 준비한다. 백일 떡은 백 집(많은 집)에 나누어 먹어야 아이가 무병장수하고 복을 받는다는 믿음이 있어 가능한 한 많은 이웃과 나누어 먹었으며 백설기는 순수, 신성, 평안을 의미하고 붉은 찰수수경단은 부정(악귀)을 막아주는 의미, 오색송편은 만물의 조화(五行, 五德)로 속이 꽉 차고 넓은 마음을 가지라는 주술적 의미가 있다.
돌	돌은 아기가 태어난 지 1년이 되는 날로서 무지개떡(아기의 꿈이 무지개처럼 빛나기를 기원), 수수경단(악귀를 물리침), 인절미(끈기), 오색송편(우주 만물과의 조화) 백설기(신성함과 정결, 장수)를 만들어 먹는다.
책례(冊禮)	어려운 책을 한 권씩 뗄 때마다 이를 축하하고 앞으로 더욱 학문에 정진하라는 격려 차원에서 행하는 의례로 백설기, 경단, 오색송편 등을 사용한다.
성년례(成年禮)	남자가 성년에 이르면 부모에게서 독립하여 어른이 된다는 의미로 자기의 삶에 책임과 의무를 일깨워 주는 의례다. 이날은 각종 떡과 약식을 포함한 많은 음식으로 성인이 된 것을 축하하였다.

혼례(婚禮)	혼례 시 신부 집에서 준비하는 봉채떡이라는 떡을 준비했다. 이는 붉은팥(화를 피함)과 찹쌀(부부 금실, 화합)로 만든 시루떡에 대추(자손 번창), 밤 따위를 고명으로 올린 것이다. 찹쌀로 만들어 부부의 금실이 찰떡처럼 화목하게 되라는 의미이며 떡을 두 켜로 올리는 것은 부부 한 쌍을 상징한다. 달떡과 색편은 보름달처럼 밝게 비추고 둥글게 채우며 잘 살도록 기원하는 의미로 만들었다.
회갑(回甲)	회갑연 때는 자식들이 부모를 위해 차려주는 큰상으로 음식을 높이 고이므로 부모님에 대한 감사의 마음을 전하며 '고배상(高排床)'이라 한다. 일반적으로 대개 과정류(果類), 생과실(生果實), 전과류(煎果類), 숙육편육류(熟肉片肉類), 전유어류(煎油魚類), 건어물류(乾魚物類, 肉脯類, 魚脯類)를 올리고 이와 함께 떡은 갖은 편(백편, 꿀편, 승검초편)과 인절미를 만들어 네모진 편틀에 차곡차곡 괸 후 화전이나 주악, 단자 등의 웃기를 얹어 장식한다.
제례와 떡	제례는 유교의 영향을 받은 자손들이 고인을 그리워하며 올리는 의식으로 이때 사용하는 떡은 녹두고물편, 꿀편, 거피팥고물편, 흑임자고물편 등 편류로 준비하여 여러 개 포개어 고이고 위에 주악이나 단자를 웃기로 사용한다. 붉은색 떡은 사용하지 않는다.

돌상	회갑	제례	폐백

<table>
<tr><th colspan="3">우리 민족의 떡의 의미와 영양성</th></tr>
<tr><td rowspan="3">떡의
의미</td><td>화합과 협동</td><td>우리 민족은 떡을 만들 때 남녀노소(男女老小) 모두 참여하여 손을 보탰다. 온 가족이 협동하는 과정에서 집안에 화합과 평안이 자리 잡았다.</td></tr>
<tr><td>감사와 나눔</td><td>농경사회로 진입하면서 우리 민족은 토착신에게 감사드리고 풍농(豊農)을 기원하기 위해서 떡을 만들어 먹기 시작했다. 또한 이웃과 떡을 나눔으로써 정을 나누었다.</td></tr>
<tr><td>축복과 축제,
기원, 애도</td><td>우리 민족이 일생을 살아가면서 통과의례에 떡을 만들어 먹은 것으로 보아 떡에는 생명에 대한 축복과 축제, 기원, 애도 등 다층적 의미가 있는 것으로 볼 수 있다.</td></tr>
<tr><td colspan="2">떡의 영양성</td><td>떡을 식품 영양 측면에서 살펴보면, 주재료와 부재료의 조합으로 상호 상승작용이 일어난다. 예를 들어 주재료인 쌀에 부족한 단백질 성분을 콩이나 잡곡이 보완해줌으로써 영양적 효율을 높인다. 특히 계절 재료를 이용한다거나 약리성분이 들어있는 계피, 인삼, 잣, 구기자 등을 첨가함으로써 우리 음식의 특징인 동원약식(同源藥食)의 원리를 잘 실천하였다.
• 주재료(쌀, 찹쌀): 탄수화물
• 부재료(콩, 팥, 녹두, 잣, 호두): 식물성 단백질
• 부재료(채소류, 과일류): 비타민과 무기질</td></tr>
</table>

5. 향토성과 떡

삼면이 바다로 둘러싸여 있는 우리나라는 동고서저(東高西低)의 지형과 사계절의 구분이 뚜렷하여 지역마다 특색 있는 식재료가 생산됨에 따라 각 지방의 풍미를 대표하는 독특한 음식과 별미 떡이 발달하였다.

서울 · 경기도는 쌀, 보리와 같은 곡류와 다양한 과일이 생산되어 떡의 종류가 많고 모양도 화려하여 웃기떡과 같은 고명을 많이 사용하였다. 색떡, 여주산병, 두텁단자, 꽃절편, 송화다식, 각색편, 개성 우메기와 개성경단, 각색경단, 수수오가리, 설기(쑥버무리), 쑥갠떡, 밀범벅떡, 개성조랭이떡, 느티떡, 개떡 등이 있다.

- **한과류**: 개성모약과, 여주땅콩강정, 오색다식, 가평송화다식

충청도는 쌀, 보리, 고구마, 등과 같은 농산물이 풍부하여 쌀가루, 도토리가루 등 곡물가루를 이용한 떡이 주를 이루며 양반과 서민의 떡이 구분되었다. 꽃산병, 증편, 모듬백이(쇠머리떡), 약편, 곤떡, 쌀 약과, 막편, 수수팥떡, 호박떡, 꽃난병, 호박송편, 장떡, 감자떡, 도토리떡, 칡개떡, 햇보리개떡, 수리취 인절미 등이 있다.

- **한과류**: 인삼약과, 수삼정과, 무엿

강원도는 산이 많고 고르지 못한 지형 탓에 감자와 옥수수 같은 농작물이 주를 이루며, 영동과 영서지방의 떡은 조금씩 차이가 있다. 대표적인 떡은 감자시루떡, 감자떡, 감자녹말송편, 감자경단, 언감자떡, 감자부침, 감자투생이, 감자몽생이 등 감자로 만든 떡이 주류를 이루고, 메밀총떡, 구름떡, 옥수수설기, 옥수수보리개떡, 옥수수칡잎떡, 옥수수시루떡, 팥소흑임자, 율무송편, 방울증편, 메밀총떡, 도토리송편, 구름떡, 각색차조인절미, 수리취개피떡 등도 알려져 있다.

- **한과류**: 매작과, 강릉산자

전라도는 곡식이 가장 많이 생산되어 음식 못지않게 떡이 사치스럽고 맛 또한 감칠맛

나는 떡을 만들어 먹었다. 꽃송편. 송기떡, 모약과, 쑥개떡, 밀기울떡, 구기자약떡, 고치떡, 콩대기떡, 차조기떡, 주악, 감시리떡, 감고지떡, 감단자, 감인절미, 전주경단, 수리취떡, 수리취개떡, 고치떡, 호박고지찰시루편, 호박메시루떡, 풋호박떡, 복령떡, 매화꽃송편, 모시송편, 깨떡(깨시루떡)이 유명하다

- **한과류**: 창평흰엿, 구기자강정, 유과, 동아정과

경상도는 지방별로 생산되는 여러 가지 재료를 이용하여 차별화된 떡이 주를 이룬다. 상주와 문경에는 밤, 대추, 감으로 만든 설기떡을 많이 해 먹고, 경주의 제사떡이 유명하다. 이 밖에 모시잎송편, 감단자, 망개떡, 송편꿀떡, 감자송편, 거창송편, 잡과병, 밀양경단, 유자잎인절미, 도토리찰시루떡, 호박범벅, 곶감호박오가리찰편, 곶감화전, 쑥굴레, 쑥떡, 칡떡, 잣구리, 무시루떡, 호박시루떡, 무설기, 부편 등 특색 있는 떡이 유명하다.

- **한과류**: 각색정과, 신선다식, 안동 대추징조, 거창 준주강반 등이 유명하다.

제주도는 사면이 바다로 둘러싸인 섬이라 쌀보다 곡물을 위주로 한 떡이 발달하였다. 다른 지방에 비해 떡 종류가 적고 쌀을 이용한 떡은 귀하게 여겨 제사 때만 썼다. 대표적인 떡으로는 곤떡, 오메기떡, 보리떡, 기증편, 조시루떡, 도돔떡, 침떡(좁쌀시루떡), 차좁쌀떡, 속떡(쑥떡), 돌레떡(경단), 빙떡, 상애떡(상화병), 중괴, 약괴, 우찍, 백시리, 조쌀시리 등이 있다.

- **한과류**: 닭엿, 꿩엿, 돼지고기엿

황해도는 전라도와 비슷한 지형적 특징으로 곡창지대가 많아 곡물 중심의 떡이 다양하게 발달하였으며 맛은 구수하고 모양은 소박한 특징이 있다. 깻잎떡, 연안인절미, 귀리절편, 혼인절편, 수리취인절미, 징편(증편), 꿀물경단, 찹쌀부치기, 잡곡부치기, 좁쌀떡, 수레비떡, 장떡, 우기, 수수무살이, 닭알떡 등을 주로 즐겨 먹는다.

- **한과류**: 무정과

평안도는 잡곡류와 과일의 생산이 많고 대륙적인 특성이 반영되어 떡의 크기가 크고 소담스럽다.

골미떡, 노티, 송기절편, 찰부꾸미, 감자시루떡이 유명하다.

- **한과류**: 산자(과줄), 수수엿

함경도는 산간지대로 우리나라에서 기온이 가장 낮고 험지이긴 하지만 콩, 조, 강냉이, 수수, 피의 품질이 좋아 이들을 이용한 곡물 떡이 발달하였다. 모양은 떡에 맵시를 부리는 일이 드물어 소박하고 구수하다.

콩엿강정, 산자, 찰떡인절미, 기장인절미, 달떡, 오그랑떡, 찹쌀구비(구이), 구절떡, 감자찰떡, 가랍떡, 콩떡, 깻잎떡, 귀리절편, 괴명떡, 꼬장떡(곱장떡), 언감자떡이 대표적이다.

- **한과류**: 좁쌀가루 엿(태석 엿)

송기절편, 노티떡
달떡, 기장인절미
함경도
평안도
연안인절미, 좁쌀떡
감자송편, 옥수수설기
황해도
강원도
서울특별시
여주산병, 각색경단
경기도
모듬백이, 약편
충청도
설기떡, 잡과병, 찹쌀부꾸미
경상도
모시송편, 쑥개떡
전라도
오메기떡, 빙떡
제주도

6. 한과와 음청류

1) 한과(韓菓)

한과(韓菓)는 전통적으로 생과(生果)를 본 떠 만들었으며 과일의 대용품이라는 의미에서 조과(造菓), 과정류(菓飣類) 또는 과줄이라고 칭했다. 중국 한대에 들어왔다 하여 한과(漢菓)라고 부르다가 전통성을 살리기 위해 한과(韓菓)로 부르게 되었다. 그러나 신라 신문왕 3년(683년) 왕비를 맞이할 때 폐백품목으로 쌀, 술, 장, 꿀, 기름, 메주(豉) 등이 기록되어 있는데 쌀, 꿀, 기름 등 과정류에 필요한 재료가 있는 것으로 보아 우리나라에서는 이전부터 이미 한과류를 만들었다고 추정할 수 있다.

『삼국유사(三國遺事)』의 「가락국기(駕洛國記)」 수로왕조(首露王條) 통해 수로왕묘 제수에 과(果)가 쓰였음이 기록되어 있다. 기록에 따르면 제수(祭需)에 사용하는 과(果)는 본디 자연의 과일을 지칭하는 말이지만 과일이 없는 계절에 곡식의 가루를 이용하여 과일의 형태를 만들어 여기에 과수(果樹)의 가지를 꽂아서 제수로 삼았다고 한다.

- 『성호사설(星湖僿說),1763년』에 조과가 제수로 쓰이고 있음이 기록되어 있다.

---

(1) 유밀과류(油蜜菓類)

밀가루에 꿀과 기름을 넣고 반죽해 모양을 만들어서 기름에 지져낸 다음 즙청한 것으로 약과류, 만두과류, 다식과류는 회갑이나 혼인잔치 때 쓰이고 채소과는 제사상에 놓는다.

유밀과의 종류

- 약과류 – 약과, 모약과, 밤약과,
- 만두과류 – 만두약과, 대만두과, 소만두과
- 다식과류 – 다식약과, 대다식과, 소다식과
- 매작과, 차수과, 채소과

유밀과 제조과정

- **기름 먹이기**

밀가루에 참기름을 넣고 골고루 비벼 밀가루 입자마다 기름을 먹인다

- **반죽하기(성형하기)**

기름 먹인 밀가루를 설탕시럽과 술로 반죽한다

- **튀기기**

처음에는 저온에서 튀기다가 나중에 온도를 올려준다

- **즙청하기**

지방을 많이 함유한 약과의 산화를 방지한다

(2) 유과류(油菓類)

찹쌀가루에 술을 넣고 반죽하여 찐 다음 꽈리가 일도록 저어 모양을 만든 다음 건조하여 기름에 지져낸 후 엿물이나 꿀을 묻혀 다시 고물을 입힌 것으로 모양과 고물의 색에 따라 여러 이름이 붙는다. 한과 중 으뜸으로 꼽히며 제상이나 혼례상, 정월 세찬 및 좋은 날에 축하선물로 사용한다.

유과의 종류

- 산자류 – 수복산자, 매화산자, 묘화산자
- 강정류 – 손가락강정, 방울강정
- 빈사과류, 감사과류, 연사과류 등

유과 제조과정

점성이 좋은 찹쌀가루를 이용한다.

• 삭히기

찹쌀을 1~2주일 정도 그대로 물에 담가 삭힌 보얀 물이 없어질 때까지 씻은 후 곱게 빻아 준비한다.

• 반죽하기

술을 넣어 반죽: 효모의 가스(gas) 발생

• 치기

공기 혼입

• 말리기

수분함량 10~15% 정도

• 튀기기

찹쌀의 아밀로펙틴의 호화 및 포지(抱持)된 공기의 팽창 등에 의한 다공화, 기름 침투에 있어 가장 중요한 시점이다

• 즙청하여 고물 묻히기

단맛을 부여하고 즙청의 막이 지방산의 산패에 관계하는 산소를 차단할 수 있다

(3) 정과류(正果類)

정과는 식물의 뿌리나 줄기 또는 열매를 데쳐 조직을 연하게 한 다음 설탕 시럽이나 물엿, 꿀에 오랫동안 조린 것으로 전과(煎果)라고도 한다.

정과의 종류

수삼정과, 도라지정과, 우엉정과, 당근정과, 생강정과, 연근정과, 더덕정과, 박고지정과, 무정과, 건포도정과, 행인정과, 사과정과, 모과정과, 동아정과, 귤정과, 죽순정과, 산사정과, 청매정과, 복숭아정과, 유자정과, 앵두정과, 살구정과, 문동(맥문동, 천문동)정과, 배정과, 들쭉정과, 복분자정과, 수박정과, 대추정과, 송이정과 등

정과 제조과정

- **데치기**

변색방지 및 설탕이나 꿀이 원재료에 쉽게 스며들게 된다.

- **불리기**

설탕이나 당분이 잘 스며들게 된다.

- **찌기**

원재료의 모양 유지

- **말리기**

수분함량 10~15% 정도

- **설탕 시럽에 담그기**

투명한 질감

- **조리기**

재료들이 잠길 정도의 물의 양의 조절하고 약한 불에서 서서히 조린다.

(4) 숙실과류(熟實菓類)

숙실과는 과수의 열매나 식물의 뿌리를 익혀서 꿀에 조린 것으로 초(炒)와 란(卵)으로 구분할 수 있다.

초(炒)는 과수의 열매를 통째로 익혀서 원래의 형태가 그대로 유지되도록 윤기 나게 조린 것이고 란(卵)은 열매를 익힌 뒤 으깨어 설탕이나 꿀에 조린 다음 다시 원래의 모양으로 빚은 것으로 다과상에 많이 이용한다.

숙실과류의 종류

- 산밤초와 대추초
- 율란과 조란, 생(강)란

(5) 다식류(茶食類)

다식은 날로 먹을 수 있는 것들을 가루로 내어 꿀로 반죽하여 다식판에 박아낸 것으로 주로 차를 마실 때 곁들이는 과자이다. 나라의 대연회나 혼례상 회갑상, 제사상 등 의례상에는 반드시 올렸다. 다식의 특징은 다식판의 그 정교한 문양에 있다.

다식의 종류

오방색다식, 송화다식, 승검초다식, 콩다식, 흑임자다식, 쌀다식, 진말다식, 밤다식, 오미자다식, 산약다식, 육포다식, 새우다식, 북어포다식 등

(6) 과편류(果片類)

과편은 주로 과일즙 또는 과일을 삶아 거른 즙에 설탕이나 꿀을 넣고 조리다가 녹말물을 넣어 엉기도록 한 다음 그릇에 쏟아 식힌 다음 편으로 썬 것이다.

과편류의 종류

오미자편, 복분자편, 살구편, 앵두편, 키위(양다래)편, 오렌지편, 귤편, 생강편, 유자편, 모과편, 산사편, 버찌편, 들쭉편 등

(7) 엿강정류(飴强精類)

엿강정은 여러 가지 견과류나 곡식을 볶거나 따끈하게 데워서 설탕, 물엿, 조청을 끓인 시럽에 버무려 서로 엉기게 한 다음 반대기를 지어서 약간 굳으면 모양내어 썬 것이다. 주로 곡물의 씨앗을 재료로 쓰므로 영양학적으로도 손색이 없는 한과이다. 설날 세찬으로 반드시 마련하여 세배하러 오는 아이들에게 간식이나 선물로 주기도 하였다.

엿강정류의 종류

엿강정의 주재료로는 흑임자, 들깨, 참깨, 검정콩, 땅콩, 호두, 잣, 쌀 튀긴 것 등이 사용되며 잣이나 호두, 대추, 호박씨는 고소한 맛과 모양을 위해 고명으로도 많이 이용된다.

2) 음청류

음청류(飮淸類)란 한국의 전통 음료에서 술 이외의 기호성 음료(茶, 花菜)를 총칭한다. 우리나라는 예로부터 산이 깊어 맑은 물은 물론 양질의 자연수가 풍부하고 여러 가지 약리성분을 가진 채소나 식물 혹은 식용열매, 꽃과 잎, 과일 등을 달이거나 꿀에 재우는 등 여러 방법을 이용하여 몸에 이로운 약리작용을 하는 음청류가 다양하게 발달하였다.

문헌 속에서의 시대별 음청류

- **삼국(三國)시대**

『삼국유사』「가락국기(駕洛國記)」에서 범민왕 19년 대가야의 수로왕 17대손이 선조의 제(祭)를 지내낼 때 엿기름을 이용한 감주도 함께 있었음을 기록(제수 품목: 술 · 감주 · 떡 · 쌀밥 · 차 · 과).
『본초도경』에서 신라는 박하를 재배하여 그 줄기와 잎을 말렸다가 차로 달여 마신다고 기록.

- **고려시대**

고려는 숭불주의(崇佛主義)로 인해 다양한 음청류보다는 차(茶) 문화가 발달했을 것으로 추정되며 『고려도경(高麗圖經), 1123』에서 백미장(白米漿)과 숙수(熟水-향약을 달인 차), 숭늉을 소개하였다.
이후 숙수는 『증보산림경제(增補山林經濟), 1766』와 『옹희잡지』 등에서 "숙수란 향 약초를 달여서 만든 것으로 송나라 사람이 즐겨 마시는 것이다."라고 소개하였으며 "우리나라에서는 밥을 지은 뒤 솥바닥에 붙은 밥에 물을 붓고 끓인 것을 숙수(숭늉)라 한다."라고 기술하였다.

- **조선시대**

조선시대에 이르러 차(茶) 문화가 쇠퇴하고 약재를 이용한 여러 가지 음청류가 다양하게 발달하였다. 이 시기에는 고대로부터 전래된 '미시'나 밀수, 식혜 등이 더욱 널리 보편화되었으며 주식은 물론 찬물류와 병과류, 전통음료 같은 기호품의 조리기술이 발전된 시기라고 볼 수 있다. 또한 『증보산림경제(增補山林經濟)』와 『임원십육지(林園十六志)』 같은 문헌을 통해 다양한 음청류가 발전하였음을 엿볼 수 있다. 문헌에 나오는 음청류의 분류를 살펴보면 차(옥수수차, 국화차 등), 탕(쌍화탕, 모과탕 등), 장(계장, 모과장 등), 숙수(자소숙수, 양간숙수 등), 갈수(모과갈수, 포도갈수 등), 미수(누룽지 미수, 보리미수 등), 식혜(감주, 안동식혜 등), 밀수(떡수단, 보리수단 등), 화채(사과화채, 앵두화채 등), 즙(마즙, 우엉즙 등)이 있다.

계절별 음청류와 엿기름

- 봄, 여름: 과즙이나 꿀물 등에 과일이나 꽃잎 혹은 실백을 띄워 즐김(화채)
- 가을: 곡류를 볶아 가루 내어 마심(미수)
- 겨울: 엿기름을 당화하여 만든 식혜나 수정과

• 엿기름

엿기름의 원료는 겉보리이며 엿질금, 엿길금 등 지역마다 명칭을 달리한다. 좋은 엿기름은 이물질이 없고 색이 진하지 않은 것이 좋으며 구입 후 서늘하고 통풍이 잘되는 곳에 보관하며 냉동 보관도 가능하다. 엿기름을 사용할 때는 2시간 정도 물에 불려 3~4회 정도 주물러 비빈 후 엿기름을 체에 걸러 버리고 한참 동안 앙금을 가라앉힌 다음 가라앉은 앙금은 버리고 맑은 물을 사용한다.

보리	
종류	쌀보리: 껍질을 벗긴 보리로 밥에 가장 많이 활용한다 겉보리: 껍질을 벗기지 않은 보리로 엿기름을 만들거나 고추장이나, 보리차 등에 사용한다 늘보리: 겉보리의 겨를 벗긴 보리인데 여름철 꽁보리밥으로 주로 사용한다 찰보리: 찰기가 있는 보리로 쌀보리에 비해 소화흡수가 잘 되고 식감이 부드럽다
색에 따른 분류	검은 보리, 청보리. 자색보리
용도에 따른 분류	압맥: 납작보리라고도 하며 쌀보리를 수증기로 쪄서 납작하게 눌러 가공한 것 할맥: 세로로 등분해 쌀처럼 다듬어 가공한 보리쌀

엿기름 제조과정

• 침맥

겉보리를 물에 담가 불린다.

• 발아

불린 겉보리를 싹을 틔우는 과정으로 씨앗 속의 녹말이 당화되어 단맛을 내게 되며 이러한 단맛을 이용하여 조청, 음청류, 고추장 등 다양한 용도로 사용된다.

• 건조

싹이 튼 엿기름을 햇볕에 건조한다.

• 완성

일반적으로 3~7일에 완성된다.

7. 떡·한과 식품재료

떡의 주재료에는 멥쌀과 찹쌀이 주로 사용되고, 부재료에는 콩이나 팥, 밤, 대추, 호두 등이 이용된다. 또한 고물은 겉 고물과 속 고물로 분류되는데 겉 고물용 재료는 콩이나, 팥, 녹두고물이 이용되며 속 고물용으로는 콩 앙금, 팥 앙금 등 앙금류와 함께 참깨나 들깨, 설탕 꿀 등이 이용된다. 이에 더하여 떡의 맛을 내기 위한 감미료로는 소금, 설탕, 올리고당, 꿀, 조청 등이 사용되며 떡이나 한과에 있어 색을 내기 위한 재료로는 오미자(분말, 액상), 흑임자, 백년초, 자색고구마, 비트, 치자, 녹차, 쑥 등 다양하게 이용된다. 향을 내기 위한 재료로는 계핏가루, 유자청 등이 이용된다.

세시풍속의 배경		
주재료	멥쌀과 찹쌀, 조, 수수 등	
부재료	콩류, 팥, 밤, 대추, 호두, 은행 등	
고 물	겉 고물	콩고물, 팥고물, 녹두고물 등
	속 고물	콩 앙금, 팥 앙금, 참깨, 들깨, 설탕, 꿀 등

감미료	소금, 설탕, 올리고당, 꿀, 조청 등
착색료	오미자(분말,액상), 흑임자, 백년초, 자색고구마, 비트, 치자, 녹차, 쑥 등
향신료	계핏가루, 유자청 등

1) 멥쌀과 찹쌀

쌀은 아밀로오스와 아밀로펙틴 함량(점성)에 따라 구분되는데 멥쌀은 아밀로오스(amylose) 함량이 20% 정도며 아밀로펙틴(amylopectin) 함량은 80% 정도이다. 이에 반해 찹쌀은 아밀로펙틴 100%로 이루어져 있으므로 멥쌀보다 끈기가 있고 점성이 좋으며 노화속도가 느린 특성이 있다. 멥쌀과 찹쌀의 또 다른 특성으로는 멥쌀은 반투명하고 광택이 있으나 찹쌀은 흰색을 많이 띠며 불투명하다. 또한 멥쌀의 경우 물에 불렸을 때 부피가 1.2~1.3배 정도 증가하는 반면, 찹쌀은 1.4배 정도 증가하며 멥쌀은 떡, 식초, 과자, 술을 가공할 때 많이 사용하고 찹쌀은 찰떡, 유과 등에 이용된다.

쌀과 관련된 상식

쌀의 도정에 따른 종류와 특성

- 현미(0분도: 벼에서 왕겨만 제거), 5분 도미(쌀눈과 호분층이 80~90% 존재),
- 7분 도미(쌀눈과 호분층이 60~70% 존재), 9분 도미(쌀눈과 호분층이 30~50% 존재),
- 11분 도미(쌀눈과 호분층이 10~20% 존재) 14분 도미(백미: 쌀눈과 미강이 거의 없음) 등으로 분류

멥쌀과 찹쌀의 구분

- 멥쌀: 아밀로스(20%), 아밀로펙틴(80%)
- 찹쌀: 아밀로펙틴(100%): 멥쌀에 비해 점성이 높고 노화속도가 느리다.

쌀의 취급 및 보관

- 쌀을 보관할 때는 밀폐된 용기에 담아 습기가 없는 서늘한 장소에 보관한다.
- 쌀을 보관할 때는 수분 함량을 15% 이하로 유지해야 미생물에 인한 변질을 막을 수 있다.
- 쌀을 씻을 때 가볍게 문질러 씻는다.
- 가루 내어 떡을 만들 때는 쌀을 충분히 불린(7~12시간) 후 가루 내어야 떡이 부드럽게 만들어진다.

(1) 쌀가루 만들기

떡을 제조할 때는 약식처럼 곡립의 모양 자체를 이용하는 경우도 있으나 대부분 가루 내어 사용한다. 따라서 떡 제조에 있어서 가루 내기는 무엇보다 중요한 공정으로 원재료의 특성을 자세하게 알아둘 필요가 있다. 우선 쌀은 가루를 내기 전 물에 불려야 하는데, 특히 쌀 불리기는 떡을 찔 때 쌀이 가지고 있는 전분의 호화를 잘 진행시키기 위한 과정으로 최소 3시간(약식) 이상, 기본적으로 7~12시간 정도 물을 흡수해야 부드러운 떡을 얻을 수 있다. 또한 쌀은 물에 불리면 원재료의 중량 대비 2.5배가 증가한다고 알려졌지만, 이는 제조시기(계절), 수침시간, 쌀의 수분함량, 물의 온도, 쌀의 품종 등에 따라 차이가 있을 수 있다.

① 멥쌀가루

멥쌀은 쌀가루를 빻을 때 기본으로 두 번 정도 빻도록 하며, 멥쌀로 만드는 떡은 쌀가루를 체에 여러 번 치도록 권고하는데, 이는 입자 사이에 공기를 충분히 부여함으로써 찔 때 증기의 통과를 원활히 해주어 부드럽고 폭신한 질감을 얻을 수 있기 때문이다.

② 찹쌀가루

찹쌀은 쌀가루를 빻을 때 멥쌀보다 약간 거친듯하게 한 번만 빻도록 하며 찹쌀가루는 체로 치지 않도록 한다. 이는 멥쌀과 다르게 체를 여러 번 치게 되면 증기의 통과를 방해하므로 떡이 제대로 익지 않는다. 이러한 현상은 찹쌀이 멥쌀보다 아밀로펙틴 성분이 많아 증기가 위로 오르는 것을 방해하기 때문이다.

또한 떡을 제조할 때는 쌀가루의 사용에 있어 수분이 많이 함유되어있는 습식가루나 수분함량이 낮은 건식가루를 사용하게 되는데 여기에는 장점과 단점이 존재한다.

습식과 건식 쌀가루의 차이점		
구분	습식 쌀가루	건식 쌀가루
떡 제조 시 열의 손상	적음	높음

경제성(유통&저장)	낮음(저장의 어려움: 냉동 보관)		높음(저장이 쉬움: 실온 보관)	
제분방법	불린 후 제분		불리지 않고 제분	
호화 및 노화	호화	빠름	호화	느림
	노화	빠름	호화	느림

떡 제조 시 사용되는 가루	
도토리가루	도토리는 인류에게 있어 최초의 주식 중 하나였을 것으로 추정되며 쓴맛과 떫은맛이 나는 탄닌이 함유되어 있으므로 가을에 물에 불려 탄닌 성분을 제거하고 가루를 만들어 이른 봄에 쌀가루와 도토리가루를 섞어서 사용한다
승검초(당귀 싹) 가루	승검초는 짙은 향기와 단맛이 나는 산나물로서 당귀라는 이름으로 알려져 있으며 싹을 그늘에 말려 가루 내어 단자, 각색 편 등에 사용한다
송홧가루	봄철 소나무에서 나는 꽃가루로 다식이나 송화 편 등을 만들 때 사용한다
석이버섯가루	깊은 산 볕이 잘 드는 돌이나 바위 표면에서 자라는 석이버섯은 말려서 달여 차로 이용하거나 석이단자, 석이병 등 각종 떡에 넣는다
팥가루	팥은 "각기(脚氣: 영양실조로 다리가 붓는 병)에 좋은 것으로 알려져 있으며 떡을 만들 때 많이 사용하는 식품으로 쌀가루에 섞어 맛을 내거나 구름떡이나 각종 인절미 등의 고물, 앙금으로 사용된다

2) 떡 제조 시 사용되는 기타 재료

(1) 곡류

떡을 만들 때에는 쌀가루 외에도 다양한 곡류를 사용한다.

	녹두	인도가 원산지로 전분이 많이 들어있어 앙금이나 떡고물로 많이 사용되며 미백효과가 있는 것으로 알려져 있다.
	차조	점성이 높으며, 무기질, 칼륨, 철분이 풍부해서 기력 회복에 도움을 준다.

	율무	의이인(薏苡仁)이라 부르며 위를 따뜻하게 하고 기혈(氣血)을 이롭게 하며 이뇨 및 항암효과가 있다.
	수수	우리나라에서는 청동기 유적에서 발견된 잡곡의 하나이며 중국에서는 고량주, 우리나라에서는 문배주를 만드는 원료로 사용한다
	메밀	강원 지역의 특산물로 단백질과 비타민 B_1, B_2 함량이 높으며 특히 루틴(Rutin) 함량이 높아 혈관건강에 좋다.

(2) 두류

주재료 혹은 쌀가루와의 혼합재료로 많이 이용된다.

	대두	식물성 단백질이 풍부하고 소화가 잘되며 한국음식에서 간장, 된장, 떡 등 다양한 식재료로 활용된다
	검은콩 (서리태, 쥐눈이콩)	서리가 내린 후(10월)에 수확한다고 해서 서리태라 부르며 속이 푸르다 하여 속청이라 불리기도 한다. 같은 검은콩의 일종으로 서리태 크기의 ½크기의 콩을 쥐눈이 콩이라 부르며 모두 인체 내 활성산소를 제거하는 항산화 효과가 높다
	팥	적두(赤豆)라 부르며 한국 음식문화에서 악귀를 쫓는 데 많이 사용하는 식품으로 각기병에 효과가 좋다

	강낭콩	우리나라에는 16세기경 들어온 것으로 추정되며 떡의 소(餡)로 이용된다.

(3) 고명(웃기)

떡에 모양을 더하여 멋스러운 떡을 만들 수 있다.

	아몬드	단백질, 철분, 칼슘과 지방이 들어있어 볶아 먹거나 과자·강정을 만들 때 사용한다)
	호두	불포화지방산이 많고 콜레스테롤 수치를 조절한다. 한국 음식에서 강정을 만들 때 많이 사용한다
	대추	따뜻한 성질이 있으며 단맛이 있다. 위장기능을 조절하고 긴장을 풀어준다. 약의 독(毒)을 제거한다
	밤	탄수화물·단백질·기타 지방·칼슘·비타민(A·B_1·C) 등이 풍부해 항산화 효과가 있으며 꿀에 졸이거나 떡의 앙금으로 많이 사용한다
	은행	탄수화물이 많으며 특히 녹말이 많다. 레시틴을 함유하며 야뇨증에 효과가 있으며 가래를 없애는 작용을 한다

(4) 착색류

착색류는 떡에 색을 부여하는 재료로 떡의 기호성을 증진하고 색소 성분에 따라 떡에 항산화 활성, 항암 작용, 항염 작용, 면역 개선 등의 다양한 기능성을 증가시킨다.

적색(赤)		
	백년초	선인장의 열매로 각기, 건위, 관절염에 효능이 있으며 가루 내어 사용한다
	딸기	비타민 C가 풍부하고 무기물이 많이 들어있다. 가루나 즙을 내어 사용한다
	자색 고구마	식이섬유와 칼륨이 풍부하며 자색고구마를 가루 내어 사용한다
	오미자	폐와 신장에 좋으며 오미자를 우려 즙을 내거나 가루 내어 사용한다.
	복분자	빈뇨증에 좋으며 보신제로 사용한다. 복분자를 즙을 내거나 가루 내어 사용한다

청색(靑)		
	쑥	소화기. 피부과 질환에 효능이 있으며 즙을 내거나 가루 내어 사용한다

	녹차	알칼로이드와 카페인을 함유하고 있으며 찻잎의 즙을 내거나 가루 내어 사용한다
	시금치	탄수화물, 단백질 섬유질이 많이 들어있으며 잎의 즙을 내거나 가루 내어 사용한다
	솔잎	항균, 항염작용을 하며 솔잎의 즙을 내어 사용한다
	승검초	부인병(월경)에 좋은 식품으로 다른 말로 당귀라고 부른다. 즙을 내거나 가루 내어 사용한다

황색(黃)		
	단호박	식이섬유와 칼륨, 칼슘이 많이 들어 있으며 단호박을 찌거나 가루 내어 사용한다.
	치자	해독 성분이 있으며 치자를 말려 으깬 후 즙을 내어 사용한다.

	송화	다식이나 차를 만들 때 사용하며 소나무 꽃을 채취하여 가루 내어 사용한다.

흑색(黑)		
	흑임자	검은 참깨로 가루 내어 사용한다.
	흑미	안토시아닌이 풍부하고 가루 내어 사용한다.
	석이버섯	맛이 담백하고 질감이 좋아 요리의 부재료로 많이 사용한다. 석이버섯을 말려 가루 내어 사용한다.

(5) 감미료

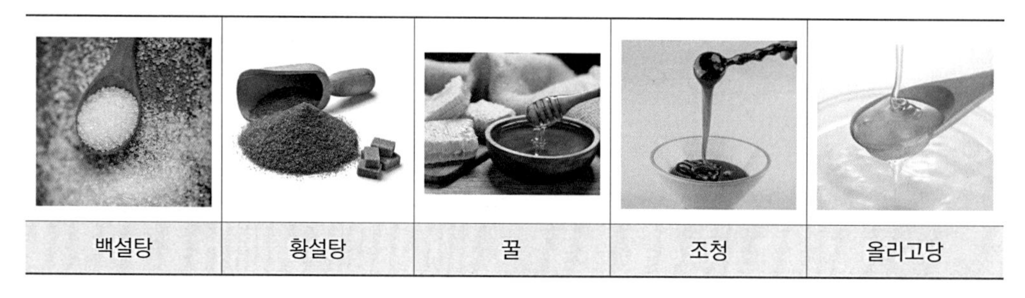

백설탕	황설탕	꿀	조청	올리고당

8. 떡·한과 제조도구

떡 제조도구		
	믹싱볼	쌀가루를 체에 내리거나 재료를 혼합할 때 사용한다. (지름 30~33cm)
	조리용 위생장갑	떡 제조 시 사용하는 것으로 비닐장갑이나 고무장갑보다 편리하다.
	실리콘패드	떡 제조 시 성형 작업이나 반죽할 때 사용한다
	주걱	재료를 혼합할 때 사용한다

굵은체 (10메시)	중간체 (14~16메시) (지름 28cm)	고운체 (25메시)

체
쌀가루를 일정한 곱기로 내리고 쌀가루 입자 사이에 공기를 넣는 데 사용한다

- 메시(Mesh): 그물의 구멍 크기를 표현하는 단위로 대개 1인치(25.4mm)인 정사각형 속에 포함되는 그물눈의 수를 표시하며 메시의 수치가 높을수록 고운체이다.

떡 모양 제조도구		
	떡살	절편의 모양을 내기 위해 사용하며 장수와 해로를 뜻하는 국수무늬, 태극무늬 등 다양한 종류를 가지고 있다.
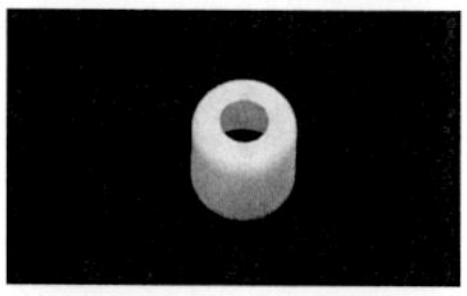	개피떡 성형틀	개피떡 모양을 반달로 만들 때 사용한다.
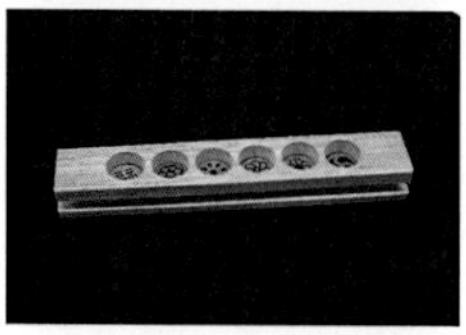	다식틀	다식을 만들 때 사용하며 길상문자 외 다양한 무늬를 가지고 있다.
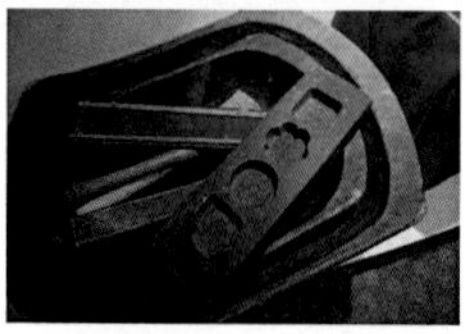	약과틀	약과를 만들 때 사용하며 대부분 나무 재질로 되어 있다.
	몰드 (쿠키틀)	떡 제조시 성형할 때 사용한다
	강정틀	쌀강정이나 깨엿강정 등을 만들 때 재료를 엿물에 버무린 후 굳힐 때 사용한다.
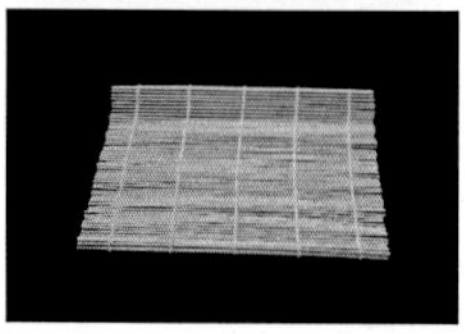	대나무발	절편이나 엿강정 등을 둥글게 만들 때 사용한다.

	증편 틀	증편을 모양내어 쪄낼 때 사용한다.
	계량도구 (계량컵, 계량스푼)	떡 제조 시 재료를 계량하는 목적으로 사용한다.
	스크레이퍼	떡 제조 시 반죽 혹은 재료를 절단할 때 사용한다.

떡 익힘 도구		
	시루	증기를 이용하여 떡을 찔 때 사용한다.
	대나무 시루	증기를 이용하여 떡을 찔 때 시루 대용으로 사용한다.
	물솥	찜기에 증기를 이용하여 떡을 찔 때 수분을 제공하며 깊이가 깊은 솥이 유용하다.
	시루밑 (베보자기)	증기를 이용하여 떡을 찔 때 쌀가루가 찜기에 붙지 않도록 하는 데 사용한다.

	타이머	떡 제조 시 시간 측정용으로 사용한다.
	온도계	떡 제조 시 온도 측정용으로 사용한다.
	원형틀	절편이나 엿강정 등을 둥글게 만들 때 사용한다.
	사각틀	떡 제조 시 반죽 혹은 재료를 절단할 때 사용한다.

떡틀
떡 제조 시 설기떡을 찔 때 쌀가루의 모양을 잡아주는 용도로 사용한다.

기타 도구		
	거품기	재료를 거품 낼 때 사용한다.
	뒤집개	지지는 떡 제조 시 팬에서 재료를 뒤집는 용도로 사용한다.
	조리용 가위	떡 제조 시 재료를 자르는 용도로 사용한다.

	헤라	반죽에 소를 넣을 때 사용한다.
	분무기	떡 제조 시 수분을 부여 용도로 사용한다.
	믹서기	떡 제조 시 재료를 혼합/분쇄하는 용도로 사용한다.
	절구	떡 제조 시 재료를 빻거나 찧는 데 사용한다.
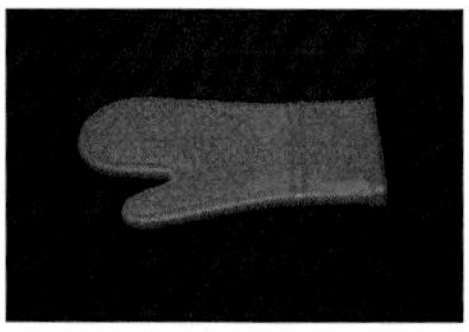	오븐용 장갑	떡 제조 시 오븐을 이용할 때 사용한다.
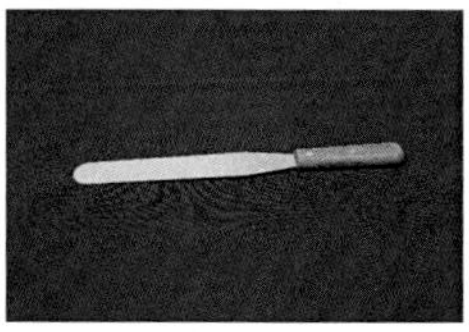	스패출러	떡을 안칠 때 스크레이퍼와 함께 쌀가루를 고를 때 사용한다.
	전자저울	떡 제조 시 무게를 재는 용도로 사용한다.
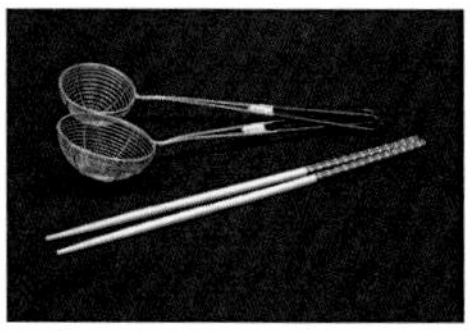	튀김망, 젓가락	기름에 튀기는 떡이나 한과를 제조할 때 사용한다.

9. 떡 만들기 기초

1) 찌는 떡 제조과정

1. 쌀 세정 & 쌀 불리기 & 물 빼기

- 쌀(멥쌀/찹쌀)은 이물질을 제거하고 맑은 물이 나올 때까지 깨끗이 씻어 두세 번 정도 물을 갈아 주면서 7~12시간 정도 불린 후 체에 담아 30분 이상 충분히 물기를 빼준다. 단, 현미와 흑미는 12~24시간 충분하게 불린다.
- 쌀 불리기는 쌀에 충분한 수분을 제공함으로써 호화를 용이하게 해주는 역할을 한다.
- 쌀을 불리는 동안 물을 갈아주는 이유는 쌀이 상할 우려가 있기 때문이다.

2. 쌀가루 만들기(분쇄)

- 물 빼기를 한 쌀에 멥쌀은 2번 정도, 찹쌀은 한 번 정도 빻는다.
- 찹쌀을 곱게 빻으면 잘 익지 않기 때문에 거칠게 빻도록 한다.

3. 밑간하기와 물주기

- 쌀가루 전체 양의 1%의 소금을 넣고 고루 섞은 다음, 체에 한 번 내린 후 쌀가루의 수분 상태를 보아 물주기(쌀가루 1컵 분량에 물 1Ts 정도)를 한 후 고루 섞어 체에 다시 내려준다. 체에 내린 쌀가루를 한 줌 쥐었다 편 후 손 위에서 가볍게 톡톡 던졌을 때 모양 그대로 있으면 알맞은 것이다.
- 쌀가루는 반드시 2번 이상 체에 내려주어야 하며 이는 쌀가루 사이에 공기를 넣어줌으로써 쌀가루와 수분, 소금이 서로 뭉치지 않게 하기 위함이다.
- 찹쌀가루는 멥쌀가루와 달리 체에 한 번만 내려주면 되는데 이는 찹쌀가루의 경우 입자가 너무 고우면 찔 때 증기가 빠져나가지 못해 떡이 익지 않는 경우가 발생할 수 있기 때문이다.
- 설탕은 밑간과 물주기 이후 체에 내린 쌀가루에 마지막에 섞어주어야 하며 설탕을 미리 섞게 되면 설탕이 녹아 쌀가루들이 뭉쳐져 찌고 나면 단면은 물론 식감이 좋지 않게 된다. 따라서 설탕은 찜솥에 안치기 직전 쌀가루에 재빨리 섞어야 좋다.

4. 떡가루 안치기

- 설기떡 안치기: 김이 오른 찜통에 시루밑이나 젖은 베 보자기를 깔고 설탕을 뿌린 다음 떡가루를 안친 후 그 위에 베 보자기나 한지를 덮고 시루 뚜껑을 덮는다.
- 켜떡 안치기: 김이 오른 찜통에 시루밑이나 베 보자기를 깔고 먼저 고물을 뿌린 다음 쌀가루를 안치고 다시 고물을 뿌리는 방법으로 켜켜이 안친다. 이때 멥쌀가루의 경우는 떡의 켜를 얇게 하고 찹쌀가루일 경우에는 가루를 한 번에 안치지 말고 김을 올려가면서 나누어 안친다.
- 떡은 반드시 김이 오른 찜솥에 안친다.
- 쌀가루를 안치기 전 시루밑이나 베 보자기에 설탕을 뿌리는 이유는 익혔을 때 잘 분리되도록 하기 위함이다.
- 쌀가루를 안칠 때는 수평이 되도록 평평하게 안쳐야 떡에 금이 가지 않고 고루 잘 익는다.

5. 찌기

- 떡을 찔 때는 반드시 증기가 오른 시루에 강한 증기를 이용하여 찐 후 뜸을 알맞게 들여야 맛있는 떡이 된다.
- 떡을 찌는 시간은 일반적으로 메떡의 경우 20~30분 정도 강한 증기에서 찌고 5분 정도 뜸을 들인다.
- 찰떡의 경우는 30~40분 정도 강한 증기에서 찐 후 5분 정도 뜸을 들인다.
- 떡을 찔 때는 물솥의 물의 양을 충분히 한다.

2) 빚어 찌는 떡/삶는 떡/지지는 떡/치는 떡 제조과정

1. 쌀 세정 & 쌀 불리기 & 물 빼기

2. 쌀가루 만들기(분쇄)

3. 밑간하기와 물주기

4. 반죽하기/모양내기

- 송편과 같이 빚어서 찌는 떡과 경단처럼 삶는 떡, 화전과 같이 지지는 떡의 경우 쌀가루를 반죽한다. 이때 반죽은 뜨거운 물을 넣어 익반죽으로 하는 경우가 많으며 익반죽을 해야 모양이 늘어지지 않고 익혔을 때 쫀득쫀득한 식감이 좋다.

삶기

- 경단과 같이 삶는 떡을 뜨거운 물에 삶는다.

지지기

- 화전과 같이 지지는 떡을 지져낸다.

찌기

- 인절미 떡과 같이 치는 떡을 만드는 과정으로 준비된 쌀가루를 김이 오른 시루나 찜 솥에 올려 증기로 찌는 과정이다. 이때 찹쌀가루는 찌는 과정에서 증기가 쌀가루 사이로 잘 통과하지 못할 수 있으므로 가운데 부분에 구멍을 내어 증기가 올라올 수 있도록 한다.

치기

- 절편, 인절미, 개피떡과 같이 치는 떡을 만들 때의 과정으로 쌀가루를 알맞게 찐 후 안반이나 절구 등에 반죽을 놓고 치면 떡의 식감을 좋게 하고 노화속도를 지연시키는 역할을 한다. 특히 익힌 쌀가루를 안반에 붓고, 꽈리가 일도록 쳐야 제맛을 낸다.

10. 떡고물의 종류

통팥앙금

팥은 탄수화물이 많은 성분으로 주로 전분이 차지하며 비타민 B_1이 함유되었으므로 각기병 예방과 이뇨작용에 좋은 식품이다. 특히 당도가 낮고 풍미가 좋아 예로부터 떡의 주재료 또는 부재료로 많이 사용했다.

만드는 방법으로는 팥은 밀도가 높아 충분히 불려야 익으므로 상온에서 12시간 이상 불린 후 사용한다. 팥을 삶은 첫물은 아린 맛이 있으므로 반드시 버리고 팥과 동량의 깨끗한 물을 다시 받아 끓이다가 소금과 설탕으로 간을 하고 수분이 거의 졸아들면 계핏가루와 후춧가루를 넣고 마무리한다.

- 시판용 팥 앙금과 혼합해서 사용하기도 한다.

붉은팥고물

붉은팥을 깨끗이 씻어 한 번 삶아 첫물을 버리고 다시 찬물을 받아 소금으로 밑간한 후 너무 무르지 않도록 삶은 다음, 양푼에 쏟아 한 김(뜨거운 김)을 날린 후 거칠게 찧거나 으깨어 팥고물을 만든다. (떡고물로 사용할 때에는 다 쪄진 고물을 거칠게 빻아 사용하고 소를 사용할 때에는 체에 곱게 내려 사용한다)

거피팥고물

거피팥은 물에 담가 충분히 불린 후(8시간 이상) 그릇에 담아 문지르거나 손으로 비벼 씻어 껍질과 이물질을 제거하고 체에 밭쳐 물기를 빼낸 후 김이 오른 찜기에 베 보자기를 깔고 팥을 올린 다음, 센 불에서 익힌다. 팥이 익으면 양푼에 담아 한 김(뜨거운 김)을 날린 후에 소금 간을 한 후 절구에 넣고 빻아 중간체나 어레미에 내려 사용한다. (각종 편이나 단자·송편의 소나 고물로 사용한다)

대추고

대추는 약리학에서 대표적인 온성(溫性)의 성질을 지닌 식품으로 위장의 기능을 조절하고 긴장을 풀어주며 약의 독(毒)성을 제거한다고 알려져 있다. 대추고는 대추의 과육을 뭉근하게 오랜 시간 가열하여 만들어 풍미가 좋고 잼의 대용이나 차(茶)로 즐길 수 있다.

만드는 방법은 대추의 과육과 씨를 분리한 후 물을 넉넉히 넣고 중약불로 2시간 이상 졸인 후 체에 걸러 설탕을 넣고 졸여 완성한다.

녹두고물

녹두는 피부 세정, 미백과 어린이 성장발육에 효과가 있다고 알려져 있으며 팥과 같이 전분을 많이 함유하고 있어 가루를 내어 당면을 만들거나 빈대떡, 죽, 앙금, 떡고물 등을 만들어 먹는 대표적인 재료다. 고물을 만들기 위해서는 여러 번 씻어야 껍질을 완전히 제거할 수 있고 뽀얀 고물을 얻을 수 있다. 따라서 먼저 녹두를 물에 담가 6시간 이상 불린 후 껍질을 제거하고 김이 오른 찜솥에 올려 1시간 동안 찐 다음, 절구와 공이를 이용해서 빻은 후 체에 내려 사용한다.

콩고물

콩은 단백질이 풍부하고 소화기능을 도우며 신장병을 다스리고 갈증을 풀어주며 해독작용을 한다고 알려져, 건강식으로 각광 받는 재료다. 콩고물을 만드는 방법으로는 깨끗한 콩을 골라 씻어 불리지 않고 바로 찜솥에 찌거나, 타지 않게 볶아 분쇄기에 굵게 갈아 껍질과 싸란기를 버리고 다시 분쇄기에 갈아 소금을 조금 넣어 체에 내려 인절미, 경단, 다식 등에 사용한다.

밤 고물

밤은 율자(栗子)라고도 하며 밤의 전분은 질이 좋아 소화가 잘되기 때문에 환자나 허약체질인 사람에게 좋은 것으로 알려져 있다. 밤 고물은 밤을 깨끗이 씻고 물에 통째로 삶아 찬물에 담갔다가 건져, 겉껍질과 속껍질까지 모두 벗겨낸 후 소금을 넣고, 절구에 찧어서 체에 내려 완성한다. 단자, 경단, 송편 등의 소나 고물로 사용한다.

깨(참깨)고물

깨는 Amino acid 조성이 훌륭한 단백질을 함유하며 열량도 높아 죽을 쑤어 먹으면 병후 회복에 좋은 식품으로 한국인에게 있어서 매우 중요한 식품이다. 깨고물을 만드는 방법으로는 깨를 물에 깨끗하게 씻어 흠이 있는 자배기나 얇은 망에 담아 물을 조금 붓고 손으로 비벼 껍질과 물기를 제거하고 넓은 솥에 타지 않게 살살 볶아준다. 깨가 통통해지고 손끝으로 집어 비벼서 부서지면 다 볶아진 것으로 편 고물이나 송편과 주악의 소로 사용할 때 꺼내어 절구에 약간 찧어 체에 내려서 소금 간을 한다. 강정고물이나 산자고물에 사용할 때는 볶은 후 그대로 사용한다.

흑임자(검은 깨) 고물

흑임자를 씻어 물기를 뺀 다음 타지 않게 볶은 후 절구에 빻아 어레미에 내려 소금 간을 한 후 사용한다. (각종 편이나 경단 고물에 사용한다)

잣 고물

잣은 '해송자'라고 불리기도 하며 맛이 고소하고 비타민 B군이 풍부하다. 철이 더 풍부해서 빈혈에 도움이 되는 식품으로 고깔을 떼어 낸 후 마른행주로 먼지를 닦고 종이(기름지)를 깔고 칼날로 다져 고물로 사용한다.

餠

떡 제조,

기초에서 응용까지 —

Story 2

떡 제조기능사 필기
기출문제 & 예상문제

Story 2 · 떡 제조기능사 필기
기출문제 & 예상문제

1. 떡 제조기능사 자격 검정제도의 개요

떡 제조기능사 자격 검정제도는 한식조리를 비롯하여 양식조리, 중식조리, 일식조리, 복어조리, 제과제빵 제조와 같이 조리외식 산업분야에 관련된 전문 인력을 양성하기 위한 자격 검정제도로서 곡류, 두류, 과채류 등과 같은 재료를 이용하여 식품위생과 개인 안전관리에 유의하여 빻기, 찌기, 발효, 지지기, 치기, 삶기 등의 공정을 거쳐 각종 떡류를 만드는 전문 직업인 양성을 목표로 한다.

2. 떡 제조기능사 자격시험 응시자격 및 수험절차

- **응시자격**: 내외국인 누구나 응시 가능
- **원서접수**: 한국산업인력관리공단 인터넷정보시스템[www.q-net.or.kr]
- **필기시험 합격 유효기간**: 2년

• **원서 접수방법**

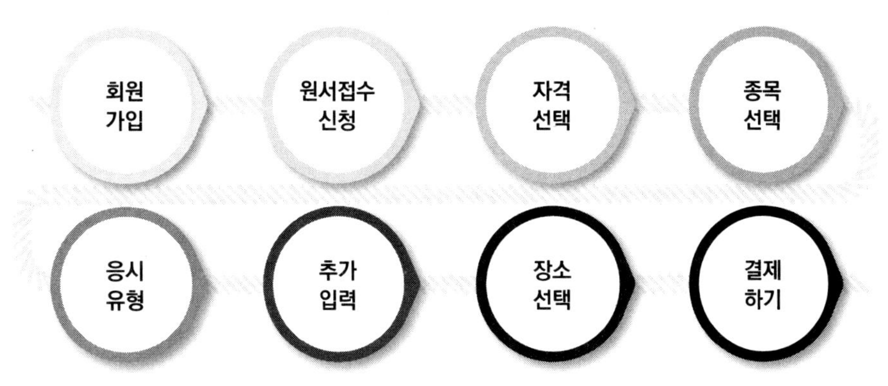

3. 떡 제조기능사 시험정보

시험정보

- **시행처**: 한국산업인력관리공단
- **자격종목**: 떡 제조기능사
- **직무분야**: 식품가공
- **직무내용**: 곡류, 두류, 과채류 등과 같은 재료를 이용하여 식품위생과 개인안전에 유의하여 빻기, 찌기, 발효, 지지기, 치기, 삶기 등의 공정을 거쳐 각종 떡류를 만든다.
- **과목명**: (필기) 떡 제조 및 위생관리, (실기) 떡 제조 실무
- **시험유형**: (필기: 60분) 객관식 60문항 중 36문항 이상 정답 시 합격, (실기: 2시간 정도) 작업형
- **합격기준**: (필기/실기 공통) 100점 만점 기준으로 60점 이상
- **준비물**: (필기) 수험표, 신분증, 계산기 (실기) 수험표, 신분증, 조리복, 조리도구

출제기준

직무분야	식품가공	중직무분야	제과·제빵	자격종목	떡제조기능사	적용기간	2022.1.1.~ 2026.12.31.
직무내용	곡류, 두류, 과채류 등과 같은 재료를 이용하여 식품위생과 개인안전관리에 유의하여 빻기, 찌기, 발효, 지지기, 치기, 삶기 등의 공정을 거쳐 각종 떡류를 만드는 직무이다.						
필기검정방법			객관식	문제수	60	시험시간	1시간

필기 과목명	출제 문제수	주요항목	세부항목	세세항목
떡 제조 및 위생 관리	60	1. 떡 제조 기초이론	1. 떡류 재료의 이해	1. 주재료(곡류)의 특성(기존) 2. 주재료(곡류)의 성분 3. 주재료(곡류)의 조리원리 4. 부재료의 종류 및 특성(기존) 5. 과채류의 종류 및 특성 6. 견과류·종실류의 종류 및 특성 7. 두류의 종류 및 특성 8. 떡류 재료의 영양학적 특성
			2. 떡의 분류 및 제조도구	1. 떡의 종류 2. 제조기기(롤밀, 제병기, 펀칭기 등)의 종류 및 용도 3. 전통도구의 종류 및 용도
		2. 떡류 만들기	1. 재료준비	1. 재료관리 2. 재료의 전처리
			2. 고물 만들기	1. 찌는 고물 제조과정 2. 삶는 고물 제조과정 3. 볶는 고물 제조과정
			3. 떡류 만들기	1. 찌는 떡류(설기떡, 켜떡 등) 제조과정 2. 치는 떡류(인절미, 절편, 가래떡 등) 제조과정 3. 빚는 떡류(찌는 떡, 삶는 떡) 제조과정 4. 지지는 떡류 제조과정 5. 기타 떡류(약밥, 증편 등)의 제조과정

필기 과목명	출제 문제수	주요항목	세부항목	세세항목
			4. 떡류 포장 및 보관	1. 떡류 포장 및 보관 시 주의사항 2. 떡류 포장 재료의 특성
		3. 위생 · 안전관리	1. 개인 위생관리	1. 개인 위생관리 방법 2. 오염 및 변질의 원인 3. 감염병 및 식중독의 원인과 예방대책
			2. 작업 환경 위생 관리	1. 공정별 위해요소 관리 및 예방(HACCP)
			3. 안전관리	1. 개인 안전 점검 2. 도구 및 장비류의 안전 점검
			4. 식품위생법 관련 법규 및 규정	1. 기구와 용기·포장 2. 식품등의 공전(公典) 3. 영업·벌칙 등 떡제조 관련 법령 및 식품의약품안전처 개별고시
		4. 우리나라 떡의 역사 및 문화	1. 떡의 역사	1. 시대별 떡의 역사
			2. 시·절식으로서의 떡	1. 시식으로서의 떡 2. 절식으로서의 떡
			3. 통과의례와 떡	1. 출생, 백일, 첫돌 떡의 종류 및 의미 2. 책례, 관례, 혼례 떡의 종류 및 의미 3. 회갑, 회혼례 떡의 종류 및 의미 4. 상례, 제례 떡의 종류 및 의미
			4. 향토 떡	1. 전통 향토 떡의 특징 2. 향토 떡의 유래

기출문제

1회

01 **쌀의 종류(품종) 중에서 찰기가 가장 많은 품종은?**

① 미립종　　② 중립종
③ 장립종　　④ 단립종

정답 ④
해설 쌀의 품종은 크게 장립종, 중립종, 단립종, 미립종으로 구분되며, 찰기가 많은 품종은 단립종이다.

02 **수수에 대한 설명 중 옳지 않은 것은?**

① 메수수는 오곡밥, 수수경단, 수수부꾸미 등에 이용한다.
② 수수를 불릴 때 자주 물을 갈아준다.
③ 다른 곡류에 비하여 소화율이 떨어진다.
④ 탄닌 성분을 함유하고 있어 떫은맛이 강하다.

정답 ①
해설 메수수는 가축의 사료나 공업용 원료, 맥주, 음료수의 재료로 사용되며 차수수(찰수수)는 오곡밥, 또는 가루를 내어 수수경단 등에 사용한다.

03 **떡의 주재료인 곡류의 역할은?**

① 에너지원　　② 골격형성
③ 혈액구성　　④ 대사작용

정답 ①
해설 떡의 주재료인 곡류는 탄수화물이 주성분으로 체내에서 에너지를 공급하는 주된 원천이다.

04 **쌀에서 섭취한 전분이 체내에서 에너지를 발생하기 위해서 반드시 필요한 것은?**

① 비타민 A　　② 비타민 B_1
③ 비타민 C　　④ 비타민 D

정답 ②
해설 비타민 B_1은 티아민이라고 하며, 신경계 질환인 각기병을 예방한다. 황과 질소가 포함되어 있으며 녹황색 채소, 육류(돼지고기), 견과류, 대두, 효모, 현미 등에 함유되어 있다. 성장과 발육에 필요하고 탄수화물을 에너지로 전환하는 보조 효소다.

05 **다음 중 쌀을 고를 때 좋은 품질이라고 할 수 없는 것은?**

① 알맹이가 고른 것
② 광택이 있으면서 투명한 것
③ 구수한 냄새가 나는 것
④ 치아(앞니)로 씹었을 때 딱딱한 것

정답 ④
해설 치아(앞니)로 씹었을 때 도정한 지 오래된 쌀은 수분이 증발하여 딱딱하다. (묵은쌀일수록 수분함량과 점성이 낮아서 밥에 찰기가 떨어진다)

06 **다음 중 묵은쌀에 해당하는 것이 아닌 것은?**

① 색이 탁한 것
② 쌀눈 자리가 갈색으로 변한 것
③ 외관상 색깔이 맑고 투명한 것
④ 산도가 높은 쌀

정답 ③
해설 묵은쌀은 햅쌀에 비해 산도가 높고, 쌀눈의 자리가 갈변현상이 나타나며, 색이 투명하지 않고 탁하면서 묵은 냄새(고미취)가 난다.

07 **곡류 및 콩류의 위생상 문제점으로 가장 관계가 적은 것은?**

① 기생충 오염 ② 쥐의 침입
③ 잔류 농약 ④ 곰팡이 번식

정답 ①
해설 기생충의 주요 오염은 야채, 과일 섭취 및 민물고기, 덜 익힌 육류 등에서 생기는 오염이다.

08 **곡류 및 콩류의 보관법 설명이 잘못된 것은?**

① 식품창고 내에 쥐약을 사용하여 쥐의 접근을 막는다.
② 곰팡이 증식과 독소 생성 방지를 위해 온도와 수분 관리가 특히 중요하다.
③ 13℃ 정도로 유지되는 저온창고에 보관한다.
④ 포장하여 쌓아두는 경우는 호흡생성물인 이산화탄소가 날아가기 쉽도록 벽과 바닥에 판목을 받치도록 한다.

정답 ①
해설 식품저장 창고에서 쥐약, 살충제 등의 사용은 적절하지 않은 방법이다.

09 **한국과 일본, 중국의 중·북부 등지에서 많이 재배되는 쌀 품종은?**

① 자포니카형(Japonica Type)
② 자바니카형(Javanica Type)
③ 인디카형(Indica Type)
④ 아프리카 벼

정답 ①
해설 자포니카(Japonica)는 일본 쌀 품종의 하나로 한국과 일본, 중국의 중·북부 등지 등에서 재배되며 모양새가 둥글고 굵은 단중립형 쌀로 분류된다.

10 **쌀(곡류)의 주요 단백질 성분은?**

① 호르데인　② 글루테닌
③ 오리제닌　④ 글루시닌

정답 ③
해설 쌀의 주요 단백질은 오리제닌으로 쌀 단백질의 60~70%를 차지한다.

11 **현미의 주성분은?**

① 당질　② 지방
③ 비타민　④ 단백질

정답 ①
해설 현미의 주성분은 당질은 뇌 활동을 돕고 점막세포, 신경세포 구성성분이 되는 우수한 영양원이다.

12 **다음 중 식품과 단백질 성분의 연결이 옳지 않은 것은?**

① 쌀－오르제닌(oryzenin)
② 밀－알부민(albumen)
③ 대두－글리시닌(glycinin)
④ 보리－호르데인(hordenin)

정답 ②
해설 밀(小麥, 소맥)에 함유된 단백질은 글루테닌(glutenin)이라고 하며, 알부민(albumen)은 달걀의 흰자에 함유된 단백질이다.

13 **곡류에 비타민과 무기질의 함량이 낮은 이유는?**

① 조리과정에 손실되어서
② 도정이나 제분으로 거의 제거되기 때문에
③ 물에 용해되지 않는 형태로 존재하기 때문에
④ 셀룰로오스 함량이 높아서

정답 ②
해설 곡류는 도정률이 높을수록 쌀 겨층에 함유된 단백질, 지방, 무기질, 비타민(특히 B_1)이 제거되어 영양가가 손실된다.

14 **쌀에 대한 설명 중 옳은 것은?**

① 쌀의 주된 단백질은 글루테닌(glutenin)이다.
② 일본형 쌀은 인도형 쌀보다 아밀로오스의 함량이 더 높다.
③ 쌀은 아밀로스 함량이 높을수록 밥을 지었을 때 점도가 커지고 색도 좋다.
④ 현미로부터 겨층을 6% 제거한 쌀은 '7분 도미'라고 한다.

정답 ②
해설 쌀의 주요 단백질은 오리제닌으로 60~70% 정도 함유되어 있다.
일본형 쌀은 인도형 쌀보다 아밀로오스 함량이 더 낮다. (아밀로오스 함량이 적을수록 쌀에 찰기가 많다)
아밀로오스 함량이 낮은 쌀로 밥을 하면 점도가 크고, 윤기가 나며 색이 좋다.

15 **쌀의 도정 공정에 대한 설명으로 옳지 않은 것은?**

① 파 보일링-쌀의 저장성을 높이기 위해 벼를 도정 전에 수증기로 찐 다음 도정하는 방법
② 5분 도미-현미로부터 3% 겨층 제거
③ 7분 도미-현미로부터 4% 겨층 제거
④ 10분 도미-현미로부터 8% 겨층 제거

정답 ③
해설 도정이란 작물의 겉껍질인 왕겨와 속껍질인 겨층을 벗겨내 먹을 수 있게 가공한 것으로 7분 도미는 6%의 겨층을 제거한 쌀이다.

16 **찹쌀로 떡을 하면 물을 더 주지 않아도 쉽게 떡이 만들어지지만, 멥쌀의 경우는 수분을 보충해 주어야 한다. 이와 같이 찹쌀과 멥쌀의 수분 흡수율이 차이가 나는 이유는?**

① 찹쌀에 아밀로오스 함량이 많기 때문이다.
② 분쇄했을 때 찹쌀과 멥쌀의 입자 크기가 다르기 때문이다.
③ 멥쌀에 아밀로펙틴 함량이 많기 때문이다.
④ 아밀로펙틴 함량 차이 때문이다.

정답 ②
해설 멥쌀(아밀로오스)과 찹쌀(아밀로펙틴)의 차이는 전분의 구성 차이로 찹쌀로 떡을 할 경우 침지과정 중 멥쌀보다 수분 흡수량이 많기 때문이다.

17 **쌀의 구조는 부피, 과피, 종피, 배젖, 배아 등으로 되어 있는데 다음 설명으로 옳지 않은 것은?**

① 배젖- 쌀의 70~80%를 차지하고 대부분 전분질과 단백질이다.

정답 ③
해설 곡류의 낟알은 외피, 배유, 배아로 구성되어 있다. 외피는 낟알을 싸고 있는 맨 바깥층으로 5%, 배유는 중심부로 약 83%, 배아는 곡류의 아래에 위치하며 싹이 나서 식물체를 이루는 부분으로 낟알의 2~3%를 차지하고 있다.

② 부피– 왕겨층으로 제일 바깥의 층이다.
③ 배아– 쌀의 작은 부분으로 20~30%를 차지한다.
④ 과피– 내과피, 외과피로 구성되어 있다.

18 **다음 중 콩류에 대한 설명으로 옳지 않은 것은?**

① 대두는 단백질보다 전분 함량이 높다.
② 두부를 형성하는 주된 단백질은 글리시닌(glycinin)이다.
③ 콩류의 칼슘은 피트산과 결합되어 있어 이용률이 떨어진다.
④ 콩류의 지방은 불포화도가 높고 인지질 함량이 높다.

정답 ①
해설 콩(대두)의 주성분은 단백질과 지방이며 탄수화물(전분)의 함량은 낮다.

19 **다음의 건조 두류들을 동일한 조건에서 수침하면 가장 빨리 수분을 흡수하는 것은?**

① 검은팥 ② 붉은팥
③ 대두(콩) ④ 녹두

정답 ③
해설 건조 두류의 침지과정 중 수분흡수량은 대두>검정콩(서리태)>흰 강낭콩> 얼룩 강낭콩> 팥 순이다.

20 **참깨 속에 들어 있는 천연 항산화 물질은?**

① 토코페롤(tocopherol)
② 세사몰(sesamol)
③ 레시틴(lecithine)
④ 고시풀(gossypol)

정답 ②
해설 세사몰(sesamol)에 존재하는 리그난류의 하나인 세사몰린이 가수 분해되어 얻어지는 항산화 물질로 비타민 E 토코페롤(tocopherol)이다.

21 **다음 중 지방 함량이 가장 많은 두류는?**

① 녹두 ② 대두류
③ 팥 ④ 땅콩

정답 ④
해설 땅콩의 지방은 약 40%로 열량이 높고 유지작물로 취급된다.

22 완두콩 통조림을 가열하여도 녹색이 유지되는 것은 어떤 색소 때문인가?

① Cu-chlorophyll(구리-클로로필)
② Fe-chlorophyll(철-클로로필)
③ chlorophylline(클로로필린)
④ chlorophyll(클로로필)

정답 ④
해설 엽록소 또는 클로로필(chlorophyll)은 식물에 함유된 녹색 색소이며, 마그네슘을 중심원자로 한 착화합물인데, 구리(Cu), 철(Fe) 등의 금속 이온과 같이 가열하면 치환되어 구리-클로로필, 철-클로로필이 생성된다. 완두콩의 통조림 가열살균, 조리과정의 퇴색을 억제하기 위하여 $CuSO_4$(황산구리)를 조금 넣으면 녹색이 잘 유지된다.

23 전분의 노화가 가장 천천히 일어나는 것은?

① 죽 ② 찰밥
③ 빵 ④ 멥쌀밥

정답 ②
해설 찹쌀은 아밀로펙틴 100%로 구성되어 있어 멥쌀과 밀의 비해 노화 속도가 느리다.

24 다음 중 콩류에 들어 있는 식물성 단백질 함량은?

① 약 10% ② 약 20%
③ 약 30% ④ 약 40%

정답 ④
해설 콩은 단백질 35~40%, 지방 15~20%, 탄수화물 30%가량으로 구성되어 있다.

25 다음 중 서류에 대한 설명이 잘못된 것은?

① 열량의 공급원이다.
② 탄수화물의 급원식품이다.
③ 수분함량과 환경온도의 적응성이 커서 저장성이 우수하다.
④ 무기질 중 칼륨(K) 함량이 비교적 높다.

정답 ③
해설 서류는 땅속의 줄기나 뿌리의 일부가 비대해져 귀근, 괴경을 이루고 있는 전분이나 기타 다당류를 저장하는 덩이식물로 감자, 고구마, 토란, 마, 돼지감자, 카사바 등이 있으며 수분함량이 많고 온도와 습도가 높거나 낮으면 부패하기 때문에 저장성이 나쁘다.

26 다음 중 곡류가 아닌 것은?

① 콩 ② 옥수수
③ 벼 ④ 보리

정답 ①
해설 식량으로 가장 귀한 작물종을 포함하여, 세계적으로 많은 벼, 보리, 옥수수를 3대 곡류라고 하며, 콩(대두)은 두류에 속한다.

27 **다음 중 곡물의 전분입자 크기가 가장 작은 것은?**

① 쌀 전분 ② 감자전분
③ 소맥 전분 ④ 고구마 전분

정답 ③
해설 밀가루(소맥 小麥) 〉 서류(감자, 고구마) 〉 쌀 전분 순으로 입자가 크다.

28 **다음 중 맥류(麥類)가 아닌 것은?**

① 밀 ② 귀리
③ 메밀 ④ 보리

정답 ③
해설 화본과 작물인 보리를 대맥(大麥), 밀을 소맥(小麥), 호밀을 호맥(胡麥), 귀리를 연맥(燕麥)이라 하고, 밭 상태에서 재배하는 이들 4개의 작물을 맥류라고 한다.

29 **다음 중 두류가 아닌 것은?**

① 완두콩 ② 잣
③ 검은콩 ④ 녹두

정답 ②
해설 잣은 송자(松子), 백자(柏子), 실백(實柏)이라고 부르며, 지방유가 약 74% 들어있는 견과류에 속한다.

30 **쑥이나 수리취 등을 넣어 만든 절편이 일반 절편보다 더 천천히 굳는 이유는?**

① 쑥이나 수리취 특유의 향 때문이다.
② 아밀로오스 함량이 많아지기 때문이다.
③ 쑥이나 수리취 등에 포함된 식이섬유는 수분 결합력이 향상돼 수분함량이 많아지기 때문이다.
④ 아밀로펙틴 함량이 많아지기 때문이다.

정답 ③
해설 수리취, 떡취, 개취, 산우방(山牛蒡)으로 불린다. 어린잎을 떡에 넣어서 만든 수리취 절편(수리치떡)은 단오의 절기 음식이다. 쑥과 수리취에는 식이섬유가 풍부하고 수분 결합력이 커져 일반 절편보다 굳는 속도가 느리다.

31 **늙은 호박고지를 사용하는 방법 중 가장 옳은 것은?**

① 마른 상태로 사용한다.
② 물에 불려 사용한다.
③ 씻은 후 탈수기에 탈수하여 사용한다.
④ 물에 빠르게 씻은 후 스팀에 쪄서 사용한다.

정답 ④
해설 늙은 호박고지는 물에 불리거나 삶는 것보다 스팀에 쪄서 사용하면 식감도 좋고, 물러지지 않다.

32 서여향병에서 서여는 어떤 재료인가?

① 조　　② 마
③ 감자　　④ 수수

정답 ②

해설 납작하게 썰어 찐 마를 꿀에 재우고 찹쌀가루에 묻혀 튀겨낸 다음 잣가루를 묻힌 것이다. 『규합총서閨閤叢書(1815)』에 서여향방(薯蕷香餠)으로 소개되었다.

33 대추에 대한 설명으로 옳지 않은 것은?

① 한자로 율자(栗子)이다.
② 혼인에서는 자손 번창을 의미한다.
③ 대추의 붉은색은 양, 즉 남자를 의미한다.
④ 붉은색은 액을 쫓는 주술적 의미가 있어서 대추를 액막이로 하여 부부의 평안을 기원하였다.

정답 ①

해설 밤나무의 열매(栗子). 가시가 많이 난 송이에 싸여 있고 갈색 겉껍질 안에 얇고 맛이 떫은 속껍질(율피, 栗皮)이 있다. 생밤을 생률(生栗)이라고도 부른다.

34 물에 녹지 않고, 알코올이나 기름에 녹아 화전이나 쌀강정 제조 시 쌀을 튀길 때 사용하는 천연 색소의 이름이 아닌 것은?

① 자근　　② 둥글레
③ 자초　　④ 지초

정답 ②

해설 지치는 치초(芝草)는 인삼처럼 생긴 자색 뿌리의 껍질 부분에 자색 색소가 형성돼 있다. 자초(紫草), 지혈(芝血), 자근(紫根), 자지(紫芝) 등의 여러 이름으로 부르는 여러해살이 풀이다.

35 떡 제조 시 노화가 더디게 일어나는 쌀은?

① 찹쌀과 멥쌀 혼합제품 제조 시 찹쌀보다 멥쌀의 비중을 높인다.
② 찹쌀과 멥쌀을 반반 사용한다.
③ 아밀로펙틴 함량이 적은 쌀 품종을 사용한다.
④ 찹쌀만을 사용한다.

정답 ④

해설 멥쌀은 주성분은 아밀로오스 20~30%, 아밀로펙틴 70~80% 함량으로 이루어져 있고 찹쌀의 주성분은 아밀로펙틴 100%로 멥쌀에 비해 노화가 더디게 일어난다.

36 **아밀로오스, 아밀로펙틴이 호화와 노화에 미치는 영향으로 맞는 것은?**

① 아밀로펙틴은 호화되기 쉽고 노화되기 어렵다.
② 아밀로펙틴은 호화되기도 쉽고 노화되기도 쉽다.
③ 아밀로오스는 호화되기도 쉽지만 노화되기도 쉽다.
④ 아밀로오스는 호화되기 쉽지만 노화되기는 어렵다.

정답 ③
해설 멥쌀과 찹쌀은 전분의 구성 차이가 다르다. 멥쌀가루는 아밀로오스 함량이 찹쌀가루보다 많이 함유되어 있어 호화도 쉽지만, 반대로 노화 속도도 빠르게 일어난다.

37 **일반적으로 떡의 노화방지에 가장 적합한 수분함량은?**

① 15% 이하　② 30~40%
③ 40~50%　④ 50~70%

정답 ①
해설 떡의 수분함량이 30~70%일 때 노화가 잘 일어나며, 노화방지의 수분함량은 15% 이하가 적절하다.

38 **떡의 노화 속도에 대한 설명으로 옳지 않은 것은?**

① 60℃ 이상의 온도에서는 거의 노화가 일어나지 않는다.
② 온도가 낮을수록 노화 속도가 반드시 증가한다.
③ 노화가 가장 잘 일어나는 온도는 0~5℃이다.
④ 냉장 > 실온 > 냉동 순이다.

정답 ②
해설 온도: 0~4℃의 냉장일 때 노화가 잘 되며, 60℃ 이상이거나 빙점 이하에서는 노화가 잘 일어나지 않는다.

39 **다음 중 떡의 노화를 억제하는 방법이 아닌 것은?**

① 급랭시킨다.
② 수분함량을 10~15% 이하로 감소시킨다.
③ 황산마그네슘과 같은 황산 염류를 첨가한다.
④ 설탕이나 유화제를 첨가한다.

정답 ③
해설 황산마그네슘은 종이의 충전제, 설사약, 매염제 및 공업용 원료로 쓰인다.

40 **떡의 노화 방지책으로 적당하지 않은 것은?**

① 냉장고에 보관한다.
② 설탕이나 유화제를 첨가한다.

정답 ①
해설 떡은 냉장온도(0~5℃)에서 냉장보관을 하게 되면 떡에 들어 있는 전분이 급격히 말라가기 때문에 노화 속도가 가장 빠르다.

③ 급속 냉동한다.

④ 알파형 전분상태를 60℃ 이상으로 유지한다.

41 **다음은 쌀의 온도와 수침(水浸) 시간이 호화에 미치는 영향을 설명한 것인데 옳지 않은 것은?**

① 수침 시간이 12시간 정도면 호화 개시온도는 66℃ 정도이다.

② 온도와 수분 흡수의 속도는 관계가 없다.

③ 수침 시간이 1시간 정도면 호화 개시온도는 73.2℃ 정도이다.

④ 일반적으로 쌀이 수분을 흡수하는 속도는 온도가 높을수록 빠르다.

정답 ②

해설 쌀 불리는 온도와 시간과 계절과 날씨의 변화에 따라 조절하고 쌀이 수분을 흡수하는 속도는 온도가 높을수록 빠르다.

42 **멥쌀을 씻어서 5시간 담갔다 건졌을 때 수분 흡수율은?**

① 약 0~5% ② 약 5~10%

③ 약 10~20% ④ 약 20~30%

정답 ④

해설 멥쌀의 최대 수분 흡수율은 20~30%이며, 찹쌀의 최대 수분 흡수율은 30~40%이다. 멥쌀을 충분히 불리면 무게가 1.2~1.3배, 찹쌀은 1.4배 정도가 된다.

43 **고량주의 원료로 사용되며, 종피에 탄닌과 색소가 함유되어 있어 불릴 때 물을 계속 갈아주어야 하며, 찰기가 부족하여 주식으로 적합하지 않은 것은?**

① 콩 ② 수수

③ 쌀 ④ 옥수수

정답 ②

해설 수수는 고량주로 대표되는 백주(白酒)의 원료이기도 하다. 이는 수수의 한약명 고량(高粱)에서 유래한 이름이다.
고량주 외에도 중국의 이과두주, 마오타이주, 우량예주 등을 포함하는 백주의 원료로, 우리나라에서는 문배주의 주재료로 이용된다. 고량(高粱)이라는 이름 외에도 수수를 촉서(蜀黍), 노제(蘆穄), 촉출(蜀秫), 당미(唐米)라고도 부른다.

44 **찹쌀가루를 분쇄할 때는 아주 고운 것보다 어느 정도 입자가 있는 것이 떡을 만들 때 좋다. 그 이유로 타당하지 않은 것은?**

① 큰 입자나 작은 입자는 붕괴의 정도가 같다.
② 수분의 함량이 높아 호화도가 더 좋다.
③ 가루가 약간 굵은 것이 아주 고운 가루보다 빨리 굳지 않는다.
④ 찌는 시간이 적게 소요된다.

정답 ①
해설 찹쌀의 아밀로펙틴 성분은 작은 입자로 익힐 때 수증기를 막아 호화도가 떨어진다. 찹쌀가루를 체에 한 번 내려주는 이유는 찹쌀가루 사이에 공기를 넣어주기 위해서다. 또한 찹쌀가루에 수분과 소금을 잘 섞어주기 위한 것도 있다.

45 **다음에서 요오드 정색반응을 하면 청남색을 띠는 것은?**

① 맥아당 ② 아밀로펙틴
③ 덱스트린 ④ 아밀로오스

정답 ④
해설 아밀로오스 구조를 가진 멥쌀은 청남색, 아밀로펙틴 구조를 가진 찹쌀은 적갈색을 띤다.

46 **도토리에 함유된 성분으로 체내의 중금속을 배출시켜 주는 것은?**

① 알긴산 ② 아콘산
③ 상자 ④ 상실

정답 ②
해설 도토리는 예로부터 해독에 탁월한 것으로 알려졌다. 도토리 속 아콘산 성분이 중금속 배출 효과가 있다.

47 **감자나 고구마가 쌀보다 더 빨리 호화되는 이유는?**

① 감자나 고구마가 쌀보다 전분입자가 크기 때문이다.
② 수소이온 농도가 높기 때문이다.
③ 아밀로오스 함량이 감자, 고구마가 쌀보다 더 많기 때문이다.
④ 아밀로펙틴 함량이 감자, 고구마가 쌀보다 많기 때문이다.

정답 ①
해설 전분의 크키가 작을수록 물의 흡수가 상대적으로 어렵기 때문에 서류(감자, 고구마)는 곡류(쌀)보다 입자가 크기 때문에 호화가 더 빨리 된다.

48 **현미에 대한 설명으로 맞는 것은?**

① 지방을 함유한 배아가 있으므로 냉장보관이 안전하다.
② 곰팡이가 생기는 것을 방지하기 위해 햇볕이 들어오는 곳에 보관한다.
③ 현미는 백미보다 영양가도 높고 소화율도 높다.
④ 현미의 도정률이 증가할수록 영양성분은 높아진다.

정답 ①
해설 현미는 벼에서 왕겨를 제거한 것을 말하며, 여기서 쌀겨와 배아까지 모두 제거하게 되면 백미가 된다. 도정을 많이 거칠수록 영양성분이 점차 줄어들고 소화율은 높아진다.

49 **탄수화물 중에서 분자량이 가장 큰 것은?**

① 맥아당 ② 전분
③ 과당 ④ 포도당

정답 ②
해설 단당류: 포도당, 과당, 갈락토오스
이당류: 맥아당, 유당, 젖당, 자당(설탕)
다당류: 셀룰로스, 녹말의 구성성분이다.

50 **당류의 용해도는 단맛의 크기와 일치한다. 다음 중 단맛의 강도 순서가 옳은 것은?**

① 맥아당 > 과당 > 설탕 > 포도당
② 포도당 > 설탕 > 과당 > 맥아당
③ 과당 > 설탕 > 포도당 > 맥아당
④ 설탕 > 과당 > 포도당 > 맥아당

정답 ③
해설 단맛의 강도는 과당(170)〉자당(100)〉포도당(70)〉맥이당(30)〉유당(20) 순서로 높다.

51 **다음은 율무에 대한 설명이다. 옳지 않은 것은?**

① 류머티즘 관절염 치료에 사용하고 있다.
② 이뇨효과가 없다.
③ 의이인은 율무의 껍질을 벗겨낸 것이다.
④ 볏과의 한해살이풀로 입자가 크고 통통한 것이 특징이다.

정답 ②
해설 율무는 뛰어난 이뇨작용으로 체내의 염증 및 노폐물을 배출하여 염증으로 생긴 부종을 제거하는 효과가 있다.

52 **찹쌀에 대한 설명으로 옳지 않은 것은?**

① 아밀로오스 20%, 아밀로펙틴이 80%이다.
② 아밀로펙틴만으로 구성되어 찰지고 소화가 잘된다.
③ 비타민 E의 함량이 백미보다 6배가량 많다.
④ 식이섬유가 풍부하여 장 건강에 도움이 된다.

정답 ①

해설 멥쌀의 녹말 구성 비율은 아밀로오스(amylose) 20%, 아밀로펙틴(amylopectin) 80%로 구성되어 있다.

53 **보리에 대한 설명으로 옳지 않은 것은?**

① 할맥은 보리 골의 섬유소를 제거해서 소화율이 높고 조리가 간편하다.
② 쌀보다 비타민 B, 단백질, 지질의 함량이 많으나 섬유질이 많아서 소화율이 떨어진다.
③ 장 맥아는 싹의 길이가 보리의 3/4~4/5 정도로 맥주 양조용으로 사용한다.
④ 보리의 주 단백질인 호르데인은 글루텐 형성력이 떨어져 같은 부피의 떡을 만들기 위해서는 분할 무게를 증가시킨다.

정답 ③

해설 맥아는 건조 전 성장 정도에 따라 단맥아, 장맥아로 나눈다.
단맥아: 싹의 길이가 낱알 길이의 0.75배 정도로 맥주 제조에 사용한다.
장맥아: 싹의 길이가 낱알 길이의 1.5~2.0배 정도로 위스키, 식혜, 물엿 제조 시 사용한다.

54 **쌀을 주식으로 하는 사람에게 결핍되기 쉬운 비타민은?**

① 비타민 B_1　② 비타민 C
③ 비타민 B　④ 비타민 D

정답 ①

해설 쌀(백미)을 주식으로 하는 한국 사람들은 비타민 B_1이 부족하기 쉬운데 팥, 보리 등과 같이 비타민 B_1 함량이 높은 음식을 같이 섭취하면 영양소가 상호 보완된다.

55 **강화미란 주로 어떤 성분을 보충한 쌀인가?**

① 비타민 D　② 비타민 A
③ 비타민 C　④ 비타민 B_1

정답 ④

해설 강화미는 비타민이나 무기질 성분을 넣어 영양을 높은 쌀이다. 주로 곡류(쌀)에 부족한 비타민 B_1을 보강한 쌀이다.

56 **현미 도정률의 증가에 따른 영양성분의 변화 중 옳지 않은 것은?**

① 수분 흡수시간이 점차 빨라진다.
② 탄수화물의 비율이 감소한다.
③ 소화율이 증가한다.
④ 비타민의 손실이 커진다.

정답 ②
해설 현미의 도정률이 증가하면 탄수화물의 비율은 증가하고, 영양소 성분은 감소한다.

57 **다음 중 수수벙거지에 적합한 콩은?**

① 밤콩 ② 강낭콩
③ 서리태 ④ 풋콩

정답 ④
해설 수수벙거지는 수수도가니 또는 수수 옴팡떡 이라고 한다. 수수벙거지는 수수가루를 익반죽 한 후 벙거지처럼 빚어서 콩을 깔고 시루에 찐 떡이다. 곡식 중에 제일 먼저 여무는 햇수수를 이용한 떡으로, 풋콩과 수수의 맛이 어우러지는 별미떡이다.

58 **대두에 대한 설명으로 옳지 않은 것은?**

① 비타민 A가 풍부하게 함유되어 있다.
② 백태, 메주콩, 콩나물콩이라고도 부른다.
③ 항암, 항노화, 심혈관계 질환 예방, 이뇨 · 해독 작용의 효능이 있다.
④ 된장, 청국장, 두유, 대두유(콩기름)의 원료가 된다.

정답 ①
해설 대두(콩)의 주성분은 단백질과 지방 함량이 풍부하고, 상대적으로 비타민 함량이 적다.

59 **팥에 대한 설명으로 옳지 않은 것은?**

① 탄수화물이 50%이고 이 중 전분이 34%를 차지한다. 단백질이 20%, 비타민 B군과 사포닌, 섬유소가 풍부하게 들어있다.
② 원산지는 중국 일대로 소두, 적소두(赤小豆)라고 한다.
③ 다른 콩에 없는 비타민 A가 풍부하게 함유되어 있다.
④ 이뇨작용이 뛰어나 수분 배출, 성인병 예방, 과식 방지, 변비, 신장염, 부기 제거에 효과가 있다.

정답 ③
해설 팥은 곡류(쌀)에 부족한 비타민 B_1이 두류 중 가장 많이 함유되어 있다.
팥의 주성분은 탄수화물(68.4%)과 단백질(19.3%)이며 각종 무기질, 비타민과 사포닌을 함유하고 있다.

60 **팥과 대두를 비교한 설명 중 옳지 않은 것은?**

① 팥은 대두보다 전분 함량이 높다.
② 팥은 대두보다 같은 조건에서 침지 시간이 길게 요구된다.
③ 대두는 팥보다 지방과 단백질 함량이 낮다.
④ 대두는 팥보다 같은 조건에서 수분 흡수 속도가 빠르다.

정답 ③

해설 영양학적으로 팥이 대두(콩)와 차별화되는 점은 단백질과 지방의 함량이 높은 반면, 팥은 비교적 단백질과 지방의 함량이 낮고 대신 탄수화물의 풍부하다는 점이다.

61 **떡 부재료 중 곡물가루에 대한 설명으로 옳지 않은 것은?**

① 밀–제분하면 소화율이 떨어진다.
② 땅콩가루–단백질 함량이 높고 필수아미노산 함량도 높아 영양 강화식품이다.
③ 옥수수가루–식물 조리의 농후화제로 사용하거나 포도당 물엿의 원료이며, 리신과 트립토판이 결핍된 불완전 단백질이다.
④ 감자가루–구황식품으로 향미(香味), 노화지연제, 이스트의 성장을 촉진하는 영양제로 사용된다.

정답 ①

해설 밀을 제분하면 90% 이하였던 소화율이 98%까지 높아진다.

62 **다음 떡 부재료에 대한 설명 중 옳지 않은 것은?**

① 땅콩–산화되기 쉬워 보관에 주의해야 하며, 향신료와 함께 사용하는 것도 좋다.
② 아몬드–비타민 C가 풍부해 피부 미용, 피로 회복, 감기 예방 등에 좋고 위장 강화효소도 들어있다.
③ 호두–주 생산지는 미국, 프랑스, 인도, 이탈리아 등이고 양질의 단백질, 지방 등 칼로리가 높다.
④ 잣–예로부터 불로장생의 식품이며, 풍부한 영양과 고소한 맛으로 널리 사랑받고 있다.

정답 ②

해설 아몬드는 단백질, 식이섬유, 비타민 E, 마그네슘, 칼륨, 철분 등 다양한 영양소가 풍부하게 들어있는 견과류이다.

63 떡의 기본 재료 중 물에 대한 설명으로 옳지 않은 것은?

① 연수의 범위는 60~120ppm이다.
② 일시적 경수란 가열에 의해 탄산염이 침전되는 물이다.
③ 물의 여과에서 유기물을 걸러내는 데는 활성탄소를 사용한다.
④ 산소와 수소의 화합물이다.

정답 ①
해설 연수의 범위는(1~60ppm), 아연수(61~120ppm), 아경수(121~180ppm), 경수(180ppm 이상)라 한다.

64 멥쌀과 찹쌀에 있어 노화속도 차이의 원인 성분은?

① 글루텐(gluten)
② 글리코겐(glycogen)
③ 아밀라아제(amylase)
④ 아밀로펙틴(amylopectin)

정답 ④
해설 찹쌀의 전분 성분인 아밀로펙틴은 노화 속도가 느려 찰기가 오래 보존된다.

65 일반 식염의 구성요소는?

① 칼슘, 탄소 ② 나트륨, 염소
③ 칼륨, 탄소 ④ 마그네슘, 염소

정답 ②
해설 일반 식염은 소금을 말하며, 화학명은 염화나트륨이며 화학식은 NaCl이다.

66 불린 쌀을 분쇄할 때 주로 사용하는 소금은?

① 죽염 ② 천일염
③ 암염 ④ 꽃소금

정답 ②
해설 천일염(天日鹽)은 염전에서 바닷물을 바람과 햇빛으로 수분만 증발시켜 얻은 소금이다.

67 떡 제조 시 소금의 사용량은?

① 쌀가루 대비 1% ② 쌀가루 대비 2%
③ 쌀가루 대비 4% ④ 쌀가루 대비 5%

정답 ①
해설 떡 제조 시 소금 사용량은 쌀가루 대비 1~1.2% 내외가 적정하다.

68 떡 만들기 중에서 소금 사용법에 대한 설명으로 옳지 않은 것은?

① 쌀가루 대비 1% 정도가 소금의 양이다.
② 나트륨과 염소의 화합물로 염화나트륨(NaCl)이다.
③ 여름에는 식염을 줄여주고 겨울에는 약간 늘려준다.
④ 여름에는 식염을 늘리고 겨울에는 약간 줄여준다.

정답 ④
해설 여름철에는 온도가 높아 식염 함량을 늘려주고, 반대로 겨울에는 식염 함량을 약간 줄여준다.

69 다음 중 감미료의 기준이 되는 것은?

① 과당 ② 맥아당
③ 포도당 ④ 설탕

정답 ④
해설 감미료의 기준이 되는 물질은 설탕(자당)이다.

70 감미료의 기능이 아닌 것은?

① 안정제 ②발색제
③ 영양소 ④ 향료 역할

정답 ②
해설 자체에 색이 있는 식품에 넣어 색을 내는 것이 아니라 식품 중의 색소와 작용하여 색을 강조한다든가 먹음직스러워 보이도록 색을 촉진하는 물질이다.

71 사탕수수 줄기에 당분이 많이 함유되어 그 즙을 가공해 만든 것이 설탕이다. 다음 중 설명으로 옳지 않은 것은?

① 액당의 농도는 설탕물에 녹아 있는 물의 양이다.
② 전화당은 자당을 산이나 효소로 가수분해하면 포도당과 과당이 생성된 이온 화합물이다.
③ 분당은 설탕을 곱게 분쇄하여 가루로 만든 가공당으로 옥수수가루가 3% 정도 혼합되어 있다.
④ 당밀을 분리하지 않고 굳힌 설탕은 흑설탕이다.

정답 ①
해설 액당의 농도: 설탕물에 녹아 있는 설탕의 무게를 %로 표시한 수치이다.

72 개성 경단과 개성주악을 집청할 때 적합한 것은?

① 물엿 ② 캐러멜 소스
③ 조청 ④ 꿀

정답 ③
해설 조청(造淸)은 곡식으로 만든 천연 감미료이다. 약과나 개성주악을 기름에 튀긴 후 집청할 때 사용한다.

73 떡을 더디 굳게 하고 촉촉하게 유지하는 점조성이 있는 당은?

① 조청 ② 물엿
③ 꿀 ④ 설탕

정답 ③
해설 점조성은 끈기가 있고 밀도가 조밀한 성질을 말하는데 꿀은 당류의 한 종류로 점조성이 있는 당이다.

74 향신료를 사용하는 목적으로 옳지 <u>않은</u> 것은?

① 품질이 낮은 제품을 돋보이게 하려고 사용한다.
② 제품에 식욕을 돋우는 색을 부여한다.
③ 육류나 생선의 냄새를 완화한다.
④ 향을 부여하여 식욕을 증진한다.

정답 ①
해설 향신료는 육류, 생선의 불쾌한 냄새를 제거하거나 음식의 풍미를 향상한다.

75 떡의 부재료 중 천연 발색제로 색을 내는 이유는?

① 비용 절감을 위해서
② 많은 제품을 생산하는 생산성을 높이기 위해서
③ 고품질로 보이기 위해서
④ 자연스러운 색상을 얻기 위해서

정답 ④
해설 천연 발색제는 재료 자체의 기능성을 떡에 부여할 수 있다.

76 다음의 천연 발색제 중 노란색을 내는 재료는?

① 승검초 가루 ② 자미 고구마
③ 송홧가루 ④ 석이버섯

정답 ③
해설 승검초 가루: 녹색, 자미 고구마: 보라색, 석이버섯: 검은색, 송홧가루: 노란색

77 **부재료 첨가 과정에 대한 설명으로 옳지 않은 것은?**

① 부재료는 초기과정이나 마무리 과정에서만 사용할 수 있다.
② 쑥이나 수리취 등이 들어가면 섬유소가 첨가되어 수분 보유량이 많아져 떡의 노화속도가 느려진다.
③ 경단이나 단자는 고물 묻히는 과정에서 사용한다.
④ 콩, 팥, 깨, 대추, 잣, 녹두 등의 부재료를 고물로 사용하여 켜켜이 안치기도 한다.

정답 ①
해설 부재료는 떡의 종류와 제조 방법에 따라 상황에 따라 사용하면 된다.

78 **떡 제조 시 쌀을 침지하는 과정과 특징으로 옳지 않은 것은?**

① 찹쌀의 최대 수분 흡수율은 37~40%이다.
② 쌀을 침지할 때 여름에는 3~4시간, 겨울에는 7~8시간 불리는 것이 일반적이지만, 곡류의 종류에 따라 12~24시간을 불리기도 한다.
③ 찹쌀을 물에 불리면 무게가 2배 정도 된다.
④ 멥쌀의 최대 수분 흡수율은 25%이다.

정답 ③
해설 멥쌀을 충분히 불리면 무게가 1.2~1.3배, 찹쌀은 1.4배 정도가 된다.

79 **늙은 호박으로 떡을 할 때 적합한 고물이 아닌 것은?**

① 녹두 고물 ② 노란 콩고물
③ 붉은팥 고물 ④ 거피팥 고물

정답 ③
해설 늙은 호박으로 떡을 할 때는 주로 녹두, 노란 콩, 거피팥 고물을 사용하며, 붉은팥 고물은 잘 사용하지 않는다.

80 **늙은 호박을 이용하여 떡을 만들 때 옳지 않은 것은?**

① 호박은 얇게 채 썰어 사용한다.
② 시루를 이용해서 켜켜이 안친다.
③ 백설기와 같은 방법으로 가루를 분쇄한다.
④ 백설기 가루보다 물을 많이 주어야 한다.

정답 ④
해설 호박에도 수분이 함유되어 있으므로 백설기를 만들 때보다 물을 적게 넣어준다.

81 쑥을 삶는 방법으로 알맞은 것은?

① 끓는 물에 살짝 데친다.
② 소금만 넣어서 삶는다.
③ 끓는 물에 오래오래 삶는다.
④ 소금과 식소다를 사용하여 무르게 삶는다.

정답 ②
해설 쑥을 삶을 때 소금 또는 식소다를 첨가하는 것은 엽록소 파괴를 최소화하기 위해서다. 그러나 식소다는 비타민이 파괴되어 소금만 넣어 삶는 것이 좋다.

82 말린 고구마 가루와 찹쌀가루를 섞어 시루에 찐 떡은?

① 서속떡 ② 석탄병
③ 나복병 ④ 남방감저병

정답 ④
해설 남방감저병은(南方甘藷餠)은 감저(甘藷) 즉, 고구마 가루를 찹쌀가루와 섞어서 시루에 찌는 떡이다. 고구마가 우리나라 도입될 당시 남방(南方) 지금의 일본에서 들어왔다고 하여 남방감저라 한 것이며, 병(餠)은 떡을 의미한다.

83 서리태를 불리는 방법으로 옳은 것은?

① 뜨거운 물에 불린다.
② 다 불린 서리태는 미지근한 물을 뿌려 물기를 제거하고 사용한다.
③ 겨울에는 10시간, 여름에는 6시간 이상 불린다.
④ 미지근한 물에 불린다.

정답 ③
해설 서리태는 보통 5~8시간 불려야 삶을 때 속까지 잘 익는다. 계절에 따른 기온, 물의 온도, 콩의 상태에 따라 다르다. 서리태를 급속히 불린다고 뜨거운 물을 사용하는 것은 좋지 않다.

84 천연색소 성분의 연결이 잘못된 것은?

① 갈색–카로티노이드
② 붉은색, 보라색–안토시안
③ 초록색–클로로필
④ 미색–플라보노이드

정답 ①
해설 탄닌 성분이 많으면 갈색을 띤다. 탄닌은 식물체에서 발견되는 폴리페놀 화합물로 쓴맛과 떫은맛을 내는 특징이 있다.

85 호화전분을 급속히 냉각하면 단단하게 굳는 현상은?

① 겔(gel)화 ② 호정화
③ 냉동화 ④ 노화

정답 ①
해설 전분의 겔화: 호화전분을 급속 냉각하면 단단하게 굳는 현상

기출문제

2회

01 다음 중 치는 떡이 아닌 것은?

① 고치떡 ② 석이병
③ 차륜병 ④ 인절미

정답 ②
해설 석이병은 원래 꿀물에 갠 메밀가루에 석이를 섞어서 쪘는데, 후대에 내려오면서 메밀가루 대신 멥쌀가루에 석이가루를 섞어서 찐 떡이다.

02 다음 떡 종류 중 제조방법이 다른 것은?

① 켜떡 ② 버무리
③ 설기떡 ④ 무리떡

정답 ①
해설 찌는 떡 종류에는 설기떡(무리떡)과 고물을 넣어 켜를 지어 만든 떡이 있다.

03 증병(蒸餠)에 대한 설명으로 옳지 않은 것은?

① 떡의 모양에 따라 설기떡과 켜떡이 있다.
② 켜떡을 무리떡이라고도 한다.
③ 일명 시루떡이다.
④ 곡물을 가루 내어 시루에 안치고 물솥 위에 얹어 수증기로 쪄내는 떡이다.

정답 ②
해설 증병(증편)은 쪄서 만드는 떡의 한 종류이다. 켜떡은 무리떡이 아닌 고물을 넣고 켜를 지어 찐 떡이다.

04 다음 중 도병(搗餠)이 아닌 것은?

① 개피떡 ② 인절미
③ 가래떡 ④ 경단

정답 ④
해설 도병은 치는 떡을 말하며, 시루에 찐 떡을 절구 등에서 친 떡이다. 종류에는 절편, 인절미, 단자, 개피떡, 가래떡 등이 있다. 경단은 삶는 떡이다.

05 다음의 찌는 떡 중 증병(蒸餠)이 아닌 것은?

① 석이병　　② 좁쌀인절미
③ 상화병　　④ 증편

정답 ②

해설 좁쌀 인절미는 차조로 만든 떡을 콩가루, 거피팥을 묻혀 먹는 떡으로 황해도, 강원도, 제주도 지방에서 쌀이 귀하여 쌀 대신 잡곡(차조)을 이용하여 만들어 먹었다.

06 진달래화전을 만들 때 사용하는 진달래의 또 다른 이름이 아닌 것은?

① 두견화　　② 참꽃
③ 진달래　　④ 황매화

정답 ④

해설 진달래의 다른 이름은 참꽃, 두견화(杜鵑花)이다.

07 지지는 떡에 꿀이나 시럽을 바르는 이유가 아닌 것은?

① 지진 후에도 떡이 덜 굳고 부드러운 상태를 유지할 수 있다.
② 지진 떡과 함께 꽃의 향을 더 진하게 하려고 바른다.
③ 꿀을 바르면 떡이 잘 상하지 않는다.
④ 기름에 지진 떡이 먹음직스러워 보이도록 하는 것이다.

정답 ②

해설 떡의 향기는 부재료와 관련성이 있고, 시럽이나 꿀은 꽃의 향기와 관련이 없다.

08 쑥인절미를 만드는 과정에서 올바른 쑥의 사용법은?

① 잘 삶은 쑥을 기계에 두 번 내린다.
② 말린 쑥을 그대로 사용한다.
③ 생쑥을 사용한다.
④ 쑥을 무르게 삶아 그냥 섞어서 사용한다.

정답 ①

해설 쑥은 끓는 물에 소금을 넣고 데쳐서 찬물에 담가 쓴맛을 제거한 후에 수분을 빼고 롤러밀(롤밀)에 2~3회 내려야 쌀가루와 잘 섞인다.

09 **쑥인절미를 만드는 과정 중 옳지 않은 것은?**

① 찹쌀가루에 쑥을 섞어 내린다.
② 찹쌀은 곱게 한 번만 빻는다.
③ 주먹으로 쥐어서 안친다.
④ 한꺼번에 부어서 안친다.

정답 ④
해설 찹쌀가루를 한꺼번에 부어서 찌면, 찹쌀가루의 아밀로펙틴 전분 성분이 빨리 호화되어 수증기를 막아 잘 익지 않는다.

10 **떡의 어원에 대한 설명으로 올바르지 않은 것은?**

① 석탄병은 '맛이 삼키기 아까울 정도로 맛이 있다' 해서 붙여진 이름이다
② 약편은 멥쌀가루에 한약재를 넣고 쪄서 붙여진 이름이다.
③ 첨세병은 떡국을 먹음으로써 나이를 하나 더하게 된다는 뜻에서 붙여진 이름이다.
④ 차륜병은 수리취절편에 수레바퀴 모양의 문양을 내어 붙여진 이름이다.

정답 ②
해설 약편은 충청도 지역에 향토음식으로 멥쌀가루에 대추고, 소금, 설탕, 막걸리 등을 넣고 대추채, 석이채, 밤채 등을 고명으로 오려 찐 떡으로 대추편이라고도 한다.

11 **송편을 빚을 때 소가 질어지면 생기는 현상은?**

① 송편 소는 질어도 떡과는 관계가 없다.
② 송편이 딱딱해진다.
③ 송편이 갈라진다.
④ 송편이 크게 만들어진다.

정답 ③
해설 송편의 소는 수분이 부족하거나 많아도 익혔을 때 떡의 표면이 갈라진다.

12 **쌀 세척 및 수침 과정에 대한 설명으로 옳지 않은 것은?**

① 수침 시 멥쌀은 1.2~1.25kg, 찹쌀은 1.35~1.4kg 정도로 무게가 증가한다.
② 수침된 쌀의 수분량은 30% 정도이다.
③ 불린 쌀은 소쿠리에 건져서 물기를 제거하고 소금을 넣어 분쇄한다.
④ 멥쌀이나 찹쌀을 씻어서 이물질을 제거할 때 물의 온도는 40℃ 전후이다.

정답 ④
해설 멥쌀이나 찹쌀을 찬물에 씻어 불순물을 제거할 때 물의 온도는 약 20℃ 전후이다.

13 쌀가루 분쇄과정에 대한 설명으로 옳지 않은 것은?

① 찹쌀은 물을 내리고 멥쌀은 물을 내리지 않는다.
② 찹쌀가루를 만들 때는 멥쌀가루를 만들 때보다 물을 적게 준다.
③ 물은 멥쌀이 1kg일 때 기준량보다 20~40g의 물을 더 주고 가루로 만들어 손에 쥐어 뭉쳐지는 정도면 적당하다.
④ 쌀을 분쇄할 때 소금양은 1kg 기준10~15g이 적당하다.

정답 ①

해설 일반적으로 쌀을 불릴 때 멥쌀보다 찹쌀이 물을 더 흡수하기 때문에 쌀가루를 분쇄할 때 멥쌀은 물을 내려주고, 찹쌀은 물을 내려주지 않는다.

14 떡 반죽 과정에 대한 설명으로 옳지 않은 것은?

① 떡 반죽은 많이 치댈수록 떡이 완성되었을 때 부드럽고 식감이 좋다.
② 송편 반죽 시 연한 소금물을 넣으면 탄력이 상승해서 잘 굳지 않는다.
③ 빚어서 만드는 송편, 경단을 만들 때 필요한 과정이다.
④ 치는 횟수가 많아지면 반죽에 기포가 많이 생겨 균일한 망상구조가 되어 떡의 보존기간이 늘어난다.

정답 ②

해설 송편 제조 시 쌀가루를 분쇄할 때 소금을 넣어주어야 한다.

15 쌀가루를 익반죽하는 이유는?

① 끓는 물이 들어가면 빨리 익을 수 있어서
② 설탕을 빨리 녹이기 위해서
③ 끓는 물은 노화를 빨리 시키기 때문이다.
④ 끓는 물로 인해 호화되어 점성이 생기기 때문이다.

정답 ④

해설 쌀가루에는 글루텐 성분이 없어 끓는 물을 넣어 반죽하면, 쌀의 전분을 호화시켜 찰기와 끈기가 생겨 점성이 높아지면서 쫄깃한 식감을 준다.

16 **백년초 가루를 섞어 인절미를 만들 때 수증기에 너무 오래 찌면 생기는 현상으로 옳은 것은?**

① 색상이 연해진다.
② 떡이 쫄깃해진다.
③ 떡이 부드러워진다.
④ 떡이 빨리 굳어진다.

정답 ①
해설 천연 발색제 백년초 가루는 선인장의 열매로 떡 제조 시 오래 찌면 수증기로 인해 색상이 연해진다.

17 **찹쌀가루를 사용해서 찜기로 떡을 찔 때 뚜껑을 덮어주는 시점은?**

① 무조건 10분 뒤에 덮는다.
② 다 익은 것을 확인한 뒤 덮는다.
③ 수증기가 올라오면 바로 덮는다.
④ 아무 때나 덮는다.

정답 ③
해설 찹쌀가루를 가볍게 주먹 쥐어 안친 다음 쌀가루 사이로 김이 나면 뚜껑을 덮는다.

18 **찹쌀가루로 떡을 만들 때의 설명으로 옳지 않은 것은?**

① 익반죽에 반대되는 말은 날반죽이다.
② 찰시루떡은 끓는 물로 물을 주면 쉽게 익는다.
③ 익반죽은 가루를 끓는 물로 반죽하는 것이다.
④ 경단은 찹쌀가루나 찰수수 가루로 익반죽한다.

정답 ②
해설 찹쌀가루에 끓는 물을 넣고 익반죽을 하면 호화된 전분 성분이 수증기를 막아 잘 익지 않는다.

19 **멥쌀가루를 이용하는 떡보다 찹쌀가루를 이용하는 떡에 물을 적게 줘도 되는 이유는?**

① 물기를 뺄 때 멥쌀이 찹쌀보다 물기가 더 빨리 빠지기 때문이다.
② 찹쌀이 멥쌀보다 아밀로펙틴이 적게 들어있기 때문이다.
③ 찹쌀가루가 멥쌀가루보다 익히는 과정에서 수분을 더 많이 흡수하기 때문이다.
④ 찹쌀은 멥쌀보다 아밀로펙틴이 더 들어있기 때문이다.

정답 ③
해설 찹쌀과 멥쌀의 수분 흡수량이 다르다. 수침 시 찹쌀은 멥쌀보다 수분 흡수력이 좋고, 익히는 도중에 멥쌀보다 더 수분을 흡수하기 때문에 찰떡 제조 시 물을 많이 주지 않아도 된다.

20 **당류가 전분의 호화에 미치는 영향에 대한 설명으로 옳지 않은 것은?**

① 조리 후 설탕을 첨가하면 호화에 영향을 미치지 않는다.
② 조리 후 설탕을 첨가하여도 호화에 영향을 미친다.
③ 농도가 매우 낮을 때는 전분의 호화에 거의 영향을 미치지 않는다.
④ 20% 이상, 특히 50% 이상의 당은 혼합물 속의 물 분자와 설탕의 수화로 팽윤을 억제하여 호화를 지연시킨다.

정답 ②
해설 전분이 호화된 상태에서 당류(설탕)의 첨가는 호화에 영향을 주지 않는다.

21 **전분의 노화를 억제하기 위한 방법이 아닌 것은?**

① 유화제를 사용한다.
② 수분함량을 30~60% 범위로 유지한다.
③ 설탕을 첨가한다.
④ 수분함량을 15% 이하나 제품을 빙점 이하로 보관한다.

정답 ②
해설 전분의 수분함량은 30% 이하를 유지해야 한다.

22 **전분에 대한 설명으로 옳지 않은 것은?**

① 단당류, 이당류, 다당류로 구분된다.
② 쌀의 주성분이다.
③ 물을 넣고 가열하면 점성을 가진다.
④ 100g당 4kcal의 에너지를 낸다.

정답 ④
해설 탄수화물(전분) 1g당 4kcal의 열량을 가지고 있다.

23 **전분의 호화 개시온도는?**

① 100℃　　② 80℃
③ 60℃　　④ 36.5℃

정답 ③
해설 전분의 호화개시 온도는 일반적으로 60℃ 전후이다.

24 다음 중 노화가 가장 촉진되는 온도는?

① 60℃ 이상의 고온이다.
② 온도와 무관하다.
③ 0~5℃이다.
④ −18℃ 이하이다.

정답 ③
해설 냉장 온도가 0~5℃일 때 노화가 가장 촉진된다.

25 팽윤한 전분이 수축하는 과정 즉 응집, 조직화되는 현상을 무엇이라 하는가?

① 노화 ② 호화
③ 팽화 ④ 승화

정답 ①
해설 호화된 전분은 시간이 지남에 따라 점차 회복되어 원래의 상태로 돌아가려는 경향을 보이는데, 이 과정을 노화라고 한다.

26 알파 전분과 베타전분의 차이에 관한 설명 중 옳은 것은?

① 호화전분과 생전분의 차이
② 찹쌀과 멥쌀의 차이
③ 아밀로오스와 아밀로펙틴의 차이
④ 떡과 밥의 차이

정답 ①
해설 전분은 화학적으로 두 가지 유형이 있는데, 자연 그대로의 생 전분인 베타전분과, 호화 과정을 거친 알파전분이 있다.

27 전분에 대한 설명으로 적절한 것은?

① 전분은 50℃에서 호화한다.
② 전분은 이당류이다.
③ 디아스타아제의 작용을 받지 않는다.
④ 전분은 아밀로오스, 아밀로펙틴으로 이루어져 있다.

정답 ④
해설 전분은 감자, 고구마, 옥수수 등 여러 종류가 있으며, 아밀로오스, 아밀로펙틴의 성분으로 이루어져 있다.

28 pH가 노화에 미치는 영향을 말한 것 중 옳은 것은?

① 다량의 H 이온은 전분의 수화를 촉진하므로 노화를 방지한다.
② 산성에서는 노화가 잘 일어나지 않는다.

정답 ③
해설 pH는 물의 산성이나 알칼리성의 정도를 나타내는 수치로서 수소 이온 농도의 지수이다. 알칼리성 용액에서는 노화가 잘 일어나지 않고 강한 산성에서는 노화를 촉진한다.

③ pH 7 이상인 알칼리성 용액에서는 노화가 잘 일어나지 않는 것으로 알려져 있고, H2SO4, HCl 등의 강한 산성은 그 농도가 낮은 경우에도 노화 속도를 증가시킨다.
④ 알칼리 상태는 전분의 호화를 강하게 촉진하고 노화도 잘 일어난다.

29 **전분의 노화에 영향을 주는 요인으로 옳지 않은 것은?**

① 온도 ② 당의 종류
③ 전분의 종류 ④ 전분의 농도

정답 ②
해설 노화의 영향을 미치는 요인으로는 온도, 수분함량, pH, 염류, 전분의 종류, 아밀로오스와 아밀로펙틴 함량으로 알려져 있고 당의 종류는 노화와 관련이 없다.

30 **곡물과 전분에 대한 설명 중 옳은 것은?**

① 곡물의 주성분은 지방질이다.
② 전분은 상온에서 물에 완전히 녹는다.
③ 일반적으로 60℃ 이상의 온도에서 노화는 거의 일어나지 않는다.
④ 전분의 호화는 100℃ 이상에서만 시작된다.

정답 ③
해설 노화에 가장 알맞은 온도는 0~5℃이며, 60℃ 이상에서는 거의 일어나지 않는다.

31 **노화 억제에 대한 설명으로 옳지 않은 것은?**

① 유화제 사용은 전분 분자의 침전과 결정 형성을 억제하여 노화를 늦출 수 있다.
② 수분의 증발을 막는 포장으로 노화를 늦출 수 있다.
③ 당류는 수분 유지를 도와 노화를 늦출 수 있다.
④ 전분 분해효소인 아밀라아제를 제거하면 노화를 늦출 수 있다.

정답 ④
해설 아밀라아제(amylase)는 다당류 탄수화물을 단당으로 분해하는 소화효소이다.

32 **다음 전분에 대한 설명으로 옳지 않은 것은?**

① 호화된 전분은 생전분보다 소화율이 높다.
② 전분은 날것 상태로는 물에 녹지 않는다.
③ 전분은 물보다 가벼워 물 위에 뜬다.
④ 전분은 무미, 무취의 백색 분말이다.

정답 ③
해설 감자, 고구마, 옥수수 등의 원료를 분쇄하여 찬물에 담그면 전분의 입자는 물 아래로 침전된다.

33 **다음에서 알파전분이 베타전분으로 되돌아가는 현상은?**

① 호정화 ② 호화
③ 산화 ④ 노화

정답 ④
해설 알파전분에서 베타전분으로 변화되는 현상은 노화(老化, aging)라고 한다.

34 **전분의 노화에 대한 설명으로 옳지 않은 것은?**

① 노화된 전분은 소화가 잘되지 않는다.
② 노화는 18℃에서 잘 일어나지 않는다.
③ 노화는 전분 분자끼리의 결합이 전분과 물 분자의 결합보다 크기 때문에 일어난다.
④ 노화란 베타전분이 알파전분으로 되는 것을 말한다.

정답 ④
해설 노화란 알파전분이 베타전분으로 변화되는 것이다.

35 **떡을 찔 때 마지막으로 전분입자를 호화시키는 과정은?**

① 가열하기 ② 분쇄하기
③ 뜸들이기 ④ 포장하기

정답 ③
해설 떡 제조 시 뜸들이기 과정은 미처 호화되지 못한 전분의 입자를 촉진한다.

36 **전분의 팽윤과 호화가 촉진되는 조건이 아닌 것은?**

① 가열온도가 높다.
② 전분입자가 크다.
③ 산성 물질을 첨가한다.
④ 수분이 많다.

정답 ③
해설 산성 물질 첨가는 전분의 팽윤을 저해하는 요인이다.

37 떡 제조공정에 사용되는 기계가 맞게 연결된 것은?

① 치기–제병기
② 성형–펀칭기
③ 쌀 분쇄–롤러밀
④ 쌀 씻기 – 쌀가루 분리기

정답 ③
해설 쌀 분쇄기-(롤러밀), 찌는 기루-시루, 쌀 씻기-쌀 세척기, 치기(반죽)-떡 펀칭기, 떡 성형기-제병기

38 가래떡을 성형할 때 사용되는 기구는?

① 제병기 ② 펀칭기
③ 롤러밀 ④ 떡살

정답 ①
해설 떡 성형 기구 제병기는 가래떡, 절편, 인절미 등을 만들 때 사용된다.

39 떡 제조 시 기계와 설비의 사용 요건으로 바르지 못한 것은?

① 도구와 용기는 바닥에 놓고 사용한다.
② 도구와 용기는 일반작업 구역용과 청결작업 구역용, 채소류용, 가공식품용 등 용도별로 구분하여 사용 · 보관한다.
③ 기계와 설비는 파손된 상태가 없어야 한다.
④ 기계와 설비는 고장 나지 않고, 항상 작동할 수 있는 상태를 유지하도록 관리한다.

정답 ①
해설 떡 기구와 도구는 바닥 높이 약 60cm 이상에서 사용한다.

40 떡 장비의 설명으로 올바르지 않은 것은?

① 체 재질은 강철, 스테인리스, 청동, 구리, 니켈 등을 사용한다.
② 쌀 세척기는 다량의 쌀을 단시간에 세척할 수 있으며 소음과 진동이 없다.
③ 롤러밀은 쇳가루나 녹물이 나오지 않는 화강암 재질로 많이 제작한다
④ 메시(mesh)는 체망의 가로와 세로 각각 5cm의 면적에 들어있는 체 눈의 수를 의미한다.

정답 ④
해설 보통 1메시(25.4㎜)의 길이에 포함되는 망(그물)의 수로서 나타낸다.

41 떡 제조 시 도구와 장비를 사용하는 방법이 바르지 못한 것은?

① 이물질 제거 시에는 동력을 정지시키지 않는다.
② 장비의 정비 시간이 짧은 경우에도 반드시 전원 스위치를 끈다
③ 원 · 부재를 투입할 때는 손이 아닌 투입봉 등의 기구를 활용한다.
④ 젖은 손으로 장비 스위치 조작을 금지한다.

정답 ①
해설 떡 기구 사용 중 이물질 제거 시 반드시 작업기의 동력을 정지시킨 후 제거해야 한다.

42 떡 제조 작업장에 기계와 설비의 재질 및 구비요건으로 바르지 못한 것은?

① 기계와 설비의 표면은 평활하지 않고 각진 곳이 있어도 된다.
② 수분이나 미생물이 내부로 침투하기 쉬운 목재는 가급적 사용하지 않는다.
③ 식품과 접촉하는 기계와 설비는 인체에 무해한 내수성 · 내부식성 재질로 열탕, 증기, 살균제 등으로 소독 · 살균이 가능하여야 한다.
④ 기계와 설비가 식품위생법상 적법한 신고업체에서 생산한 것이어야 하며, 기구 · 용기 · 포장의 재질 및 용출 규격에 적합한 것이어야 한다.

정답 ①
해설 기계와 설비 시 바닥은 평평하고 관리와 사용이 편리한 곳으로 설치한다.

43 다음 중 떡을 할 때 모양을 내는 도구인 떡가위의 설명으로 옳지 않은 것은?

① 놋쇠로 되어 있다.
② 가위 날의 두께가 1cm가량으로 무딘 편이다.
③ 마치 엿장수 가위 같다.
④ 떡이나 엿, 약과 등을 자를 때 쓰는 가위이다.

정답 ②
해설 떡 가위는 떡이나 엿 등을 자르는 가위로 보통 놋쇠로 만드는데, 두께가 1mm가량으로 날이 무딘 편이다.

44 빈대떡이나 화전을 부칠 때 사용하며, 양쪽에 쪽자리가 달려 있는 도구는?

① 번철　　② 채반
③ 경그레　　④ 냄비

(정답) ①
해설 번철은 부침개나 지짐을 할 때 쓰는 둥글넓적한 무쇠 도구이다.

45 안쪽 면에 여러 줄의 골이 파여 있어서 쌀을 씻을 때 쌀 속의 돌, 뉘 등의 이물질을 골라내는 데 매우 편리한 도구는?

① 이남박　　② 소쿠리
③ 채반　　④ 동구리

(정답) ①
해설 이남박은 조리로 쌀을 일어 내고 남은 쌀을 이남박에 담아 흔들면서 따라내어 요철 부분으로 곡식이 통과하면서 요철면과의 마찰력 차이로 돌과 이물질을 걸러주는 도구이다.

46 치는 떡을 만들 때 사용하는 조리도구로 떡메로 치기 전 떡 반죽을 올려놓는 곳은?

① 절구　　② 떡틀
③ 떡판　　④ 안반

(정답) ④
해설 떡을 칠 때 쓰는 두껍고 넓은 나무 받침대이다. 안반(案盤), 병안(餠案)이라고도 부른다.

47 다음 떡살의 종류 중 부귀수복(富貴壽福)을 기원하는 뜻의 문양은?

① 길상무늬　　② 빗살무늬
③ 국수무늬　　④ 태극무늬

(정답) ①
해설 길상무늬는 좋은 의미를 가진 기물이나 글자를 무늬로 표현한 것이다.

48 둥글고 넓적한 돌판 위에 그보다 작고 둥근 돌을 세로로 세워서 이를 말이나 소가 돌리게 하는 방아는?

① 물레방아　　② 물방아
③ 디딜방아　　④ 연자방아

(정답) ④
해설 연자방아는 곡식을 탈곡 또는 제분(製粉)하는 방아로 연자매라고도 한다.

49 통나무로 만든 농기구로 주로 벼의 겉껍질만 벗기는 데 사용된 도정 도구는?

① 절구　　② 매통
③ 용저　　④ 떡구유

정답 ②
해설 매통은 크기가 같은 통나무(한 짝의 길이는 70cm 내외) 두 짝으로 구성되어 있다. 곡물의 껍질을 벗기는 농기구로 주로 겉겨를 벗기는 데 사용된다.

50 통나무를 구유처럼 깊게 파 떡을 치는 데쓰는 그릇으로, 떡구유라고도 부르는 도구는?

① 절구통　　② 도구통
③ 절구　　④ 떡망판

정답 ④
해설 떡망판은 통나무를 파서 구유처럼 만든, 떡을 치는 도구로 떡구유라고도 한다.

51 매통이나 맷돌 아래 깔아 갈려 나오는 곡물을 받는 데 사용하는 것으로, 콩이나 팥 등의 곡물을 널어 말리거나 담아 두기도 하는 도구는?

① 떡구유　　② 멍석
③ 맷방석　　④ 물맷돌

정답 ③
해설 맷방석은 매통이나 맷돌을 쓸 때 밑에 까는, 짚으로 만든 방석으로 멍석보다 작고 둥글다.

52 고운 돌로 조그맣게 만든 맷돌로 밑짝을 매판에 붙여 만들어 보통 맷돌보다 더 곱게 갈 수 있는 도구는?

① 물맷돌　　② 구멍맷돌
③ 고석매　　④ 풀매

정답 ④
해설 풀매는 모시나 무명에 먹이기 위한 풀을 쑤기 위해 곡물을 곱게 가는 용도의 맷돌이다.

53 불린 콩이나 곡식을 맷돌에 넣고 갈 때 맷돌을 올려놓는 도구는?

① 매판　　② 맷지개
③ 고석매　　④ 풀맷돌

정답 ①
해설 매판은 불린 콩이나 곡식을 맷돌에 넣고 갈 때 음식물이 한곳에 모이도록 맷돌에 올려놓는 기구다.

54 맷돌을 손으로 돌릴 때 쓰는 손잡이의 옛 명칭인 어처구니의 다른 말은?

① 매통 ② 맷손
③ 풀매 ④ 맷지개

정답 ②
해설 맷손은 매통이나 맷돌을 돌리는 손잡이를 의미한다.

55 다음 중 쳇불이 가장 넓은 체는?

① 깁체 ② 겹체
③ 어레미 ④ 중간체

정답 ③
해설 어레미는 곡물의 가루를 걸러내는 체의 일종으로 쳇불은 철사나 가는 대오리로 메운다. 지역에 따라 얼레미, 얼맹이, 얼개미, 얼금이, 얼기미, 얼금체로 불린다.

56 올이 가늘고 구멍이 작은 체로 술이나 간장 등을 거를 때 쓰는 체로 쳇불을 말총 혹은 나일론으로 만드는 것은?

① 겹체 ② 가루체
③ 깁체 ④ 고운체

정답 ④
해설 망 간격에 따라 종류가 나뉜다. 0.5mm는 고운체, 1mm는 깨체, 2mm는 도드미, 3mm는 얼기미, 5mm는 고추씨체, 1cm는 공체

57 체에 관한 설명으로 옳지 않은 것은?

① 도드미-고운 철사로 올을 성기게 짠 구멍이 굵은 체지만, 어레미보다 쳇불 구멍이 크고 좁쌀이나 쌀의 뉘를 고르는 데 썼다.
② 어레미-쳇불 구멍이 가장 큰 체이고, 떡고물이나 메밀가루를 내리는 데 썼다.
③ 가루체-가루를 치는 데 쓰는 체로 지방에 따라 접체, 벤체, 참체, 도시미리, 설된체, 신체라고도 한다. 쳇불은 말총 혹은 나일론 천으로 만들며 송편가루 등을 내리는 데 썼다.
④ 중게리-지방에 따라 반체, 중게리, 중체라고도 부른다. 시루편을 만들 때와 떡가루를 물에 섞어 비벼 내릴 때 쓰며, 쳇불은 천으로 되었다.

정답 ①
해설 도드미(0.2mm) 쳇불 구멍이 어레미보다 좁은 체이다. 좁쌀이나 쌀의 뉘를 고를 때 쓴다. 쳇불은 철사로 엮는 것이 보통이며 쳇불 구멍의 크기는 가로 1.8mm, 세로 2mm 정도이다.

58 **맷돌 아래 받쳐서 갈려 나오는 재료들이 떨어지게 하거나, 국물이 있는 재료를 체로 거를 때 받는 그릇 위에 걸쳐서 체를 올려놓을 수 있도록 만든 도구는?**

① 맷지게 ② 체받침
③ 쳇다리 ④ 채반

정답 ③

해설 액체로 된 술, 간장, 기름을 비롯하여 국물 있는 것을 체로 거를 때 받는 그릇 위에 걸쳐서 체를 올려놓을 수 있게 만든 도구이다. 콩나물시루, 빨래할 때 잿물을 내릴 때도 이용한다.

59 **시루에 관한 설명으로 옳지 않은 것은?**

① 시룻반–시루를 물솥에 안칠 때 그 틈에서 김이 새지 않도록 바르는 반죽이다.
② 옹달시루–일명 '옹시루'라고도 하고 떡이나 쌀 따위를 찌는 데 쓰는 작고 오목한 질그릇이다.
③ 시루밑–시루의 구멍을 막는 깔개로 시루 바닥에 깔아서 쌀가루 등의 곡물이 시루 구멍을 통하여 밑으로 새지 않도록 하는 도구이다.
④ 시룻방석–짚으로 두껍고 둥글게 틀어 방석처럼 만들어 시루를 덮는 덮개다.

정답 ①

해설 시룻번(번)은 시루를 솥에 안칠 때 틈에서 김이 새지 않도록 바르는(밀가루, 쌀가루) 반죽이다.

60 **다음 도구에 대한 설명으로 옳지 않은 것은?**

① 떡메–쌀이나 쌀가루를 치는 메로 굵고 짧은 나무토막에 구멍을 뚫어 긴 자루를 박아 쓴다.
② 안반–일명 떡판이라 하고, 떡을 칠 때 쓰는 두껍고 넓은 나무판이다.
③ 밀판–반죽 따위를 밀어서 얇고 넓게 펴는 데 쓰는 판이다.
④ 떡가위–떡이나 엿, 약과 등을 자를 때 쓰는 가위로 놋쇠로 되어있고, 마치 엿장수 가위처럼 날의 두께가 1mm 가량으로 무딘 편이다.

정답 ①

해설 떡메는 인절미, 흰떡 등을 만들기 위해 찐 쌀을 치는 메이다. 굵고 짧은 나무토막의 중간에 구멍을 뚫어 긴 자루를 박아 만든다.

61 싸릿개비나 버들가지 등으로 둥글넓적하게 결어 만든 것으로 기름에 지진 떡을 펼쳐 기름이 빠지게 하거나 재료를 널어 물기를 제거할 때 사용하는 도구는?

① 오합 ② 소쿠리
③ 광주리 ④ 채반

정답 ④
해설 채반은 껍질을 벗긴 싸릿개비, 버들가지의 오리를 울과 춤이 거의 없이 둥글넓적하게 엮어 만든 둥근 채 그릇이다.

62 버들가지를 촘촘히 엮어서 만든 상자로 음식을 담아 나르거나 떡이나 강정 등을 담을 때 사용하는 것은?

① 멱동구리 ② 멱서리
③ 동구리 ④ 석작

정답 ③
해설 멱동구리: 짚을 이용하여 원형으로 울이 깊게 씨와 날이 서로 어긋매끼게 하여 만든 그릇
멱서리: 짚을 이용하여 날을 촘촘하게 결어서 볏섬 크기로 만든 그릇
동구리: 대나무 줄기, 버들가지를 엮어서 촘촘히 만든 상자
석작: 대나무로 만든 뚜껑이 있는 바구니

63 직사각형의 굵은 통나무 바가지로 버무릴 때 사용하며, 양쪽에 넓은 전이 달려있어 손잡이로 쓸 수 있어 편리한 도구는?

① 귀함지 ② 목판
③ 모함지 ④ 도래함지

정답 ①
해설 양쪽에 손잡이로 쓸 수 있게 귀가 달린 함지. 굵은 통나무를 긴 네모꼴로 기름하게 파서 만든다.

64 찧어 낸 곡식을 담아 까불려 겨나 티를 걸러내는 도구는?

① 키 ② 쳇다리
③ 조리 ④ 체

정답 ①
해설 곡식 낟알을 담고 두 손으로 들어 아래위로 까불어서 겨나 티를 걸러내는 도구이다.

65 떡 제조에 필요한 도구로 쓰임새가 잘못 연결된 것은?

① 시루방석–떡 찌는 시루를 덮어 떡이 잘 익도록 하는 것
② 떡살–흰떡 등을 눌러 모양과 무늬를 찍어내는 도구
③ 안반과 떡메–흰떡이나 인절미를 칠 때 쓰는 도구
④ 떡판–떡을 처음 칠 때 흩어지는 것을 막기 위해 싸는 보자기

정답 ④
해설 떡을 칠 때 쓰는 두껍고 넓은 나무 받침(안반, 병안)이라고도 부른다.

66 **고추, 마늘, 생강 등의 양념이나 곡식을 가는 데 돌공이와 함께 쓰는 연장으로 자연석이나 도기로 만든 것은?**

① 맷돌 ② 절구
③ 이남박 ④ 돌확(확돌)

정답 ④

해설 돌확을 확돌이라고도 하지만 확돌은 디딜방아에서 곡식을 넣고 찧는 부누(돌)를 말한다.

예상문제

1회

01 계량컵과 계량스푼으로 계량하는 방법으로 옳지 않은 것은?

① 15cc-계량스푼으로 1큰술이다.
② 7.5cc-계량스푼으로 1작은술이다.
③ 계량컵-한 컵을 계량스푼으로 환산하면 13큰술+1작은술 정도가 된다.
④ 200cc-계량컵으로 곡물을 담아 윗부분을 깎아서 잰 한 컵이다.

정답 ②
해설 계량스푼 1작은술(1ts)은 5cc이다.

02 표준 용량 표시법이 잘못 표기된 것은?

① 1ts(작은술)=5ml　② 1C(컵)=250ml
③ 1국자=100ml　④ 1Ts(큰술)=15ml

정답 ②
해설 1컵(1 cup)은 200ml이다.

03 찹쌀 1C의 중량은 얼마인가?

① 100g　② 200g
③ 180g　④ 120g

정답 ③
해설 곡물(백미, 찹쌀, 보리, 밀, 대두) 등의 1컵(1 cup)은 약 180g 정도이다.

04 다음 되와 말의 연결이 잘못된 것은?

① 소두 1되-5홉　② 대두 1되-10홉
③ 1섬-5말　④ 한 말-18ℓ

정답 ③
해설 한 섬은 부피 단위이며 1섬은 1.8ℓ이다. 한섬은 열 말로 이루어져 있으며, 곡식의 종류나 상태에 따라 달라진다. 현재 쌀 한 섬 무게는 약 144kg으로 정해져 있다.

05 다음 중 메스실린더는 무엇의 부피를 재는 기구인가?

① 고체 ② 액체
③ 반도체 ④ 기체

정답 ②
해설 메스실린더(measuring cylinder): 액체의 부피를 측정하는 기구

06 1되(소두)는 몇 홉인가?

① 7홉 ② 10홉
③ 5홉 ④ 8홉

정답 ②
해설 1되는 부피단위로, 1되의 되는 나무로 된 사각형의 상자를 말한다.
대두(1되는 1.8039ℓ, 무게로 환산하면 1.8kg) 10홉, 소두는 5홉이다.

07 좋은 떡을 만들기 위해 필요하지 않은 것은?

① 숙련된 기술 ② 방부제 첨가
③ 좋은 재료 ④ 정확한 계량

정답 ②
해설 방부제는 물질의 변질을 막기 위해 첨가하는 물질, 미생물을 죽이거나 번식하지 못하게 막는다. 미생물의 증식이나 부패 방지로 식품, 화장품, 의약품 등에 첨가한다.

08 계량컵을 사용하여 쌀가루를 계량할 때 가장 옳은 방법은?

① 계량컵을 가볍게 흔든 다음 스크레이퍼로 깎아서 계량한다.
② 체를 쳐서 수북하게 담아 스크레이퍼로 깎아서 계량한다.
③ 계량컵에 눌러 담아 직선으로 된 스크레이퍼로 깎아서 측정한다.
④ 계량컵에 그대로 담아 스크레이퍼로 깎아서 계량한다.

정답 ②
해설 계량할 때에는 체에 한 번 친 후 수북이 담아 스크레이퍼를 직선으로 밀어 수평으로 깎아서 계량한다.

09 쌀가루를 체에 칠 때 사용하는 체의 단위는?

① kg ② mg
③ ml ④ mesh

정답 ④
해설 체 눈의 크기는 보통 메시(mesh)의 단위로 표시한다.

10 **재료를 계량하는 방법으로 옳지 않은 것은?**

① 액체류는 표면장력이 있으므로 계량컵의 눈금과 계량하는 자의 눈이 수평이 되도록 하여 계량한다.
② 무게를 재기 전에 저울 위에 용기를 올려 '0'점을 맞춘 후 계량한다.
③ 쌀가루나 밀가루 등의 가루를 계량할 때는 계량컵에 재료를 넣은 후 계량컵을 충분히 흔들어서 계량해야 한다.
④ 쌀이나 콩 같은 낟알 재료는 계량컵에 수북이 담아 한 번 흔든 후 평평하게 만들어 분량을 잰다.

정답 ③

해설 쌀가루나 밀가루는 계량 시 체에 한 번 친 후 수북이 담아 직선으로 스크레이퍼를 밀어 수평으로 깎아서 계량한다.

11 **재료 계량 시 주의사항으로 옳지 않은 것은?**

① 저울이 무게를 재고자 하는 범위에 맞는 것인지 확인한다.
② 저울을 평평하고 단단한 곳에 놓아 수평을 맞춰야 한다.
③ 무게를 재기 전, 저울 위에 용기를 먼저 올리고 전원을 켜서 '0'점을 맞춘다.
④ 저울을 사용하지 않을 때는 저울 위에 무거운 물건을 올려두지 않는다.

정답 ③

해설 전자저울의 전원을 먼저 켜고 용기를 올려놓고 '0'점으로 맞춘 후 무게를 재야 정확하다.

12 **고체 식품을 계량할 때 주의사항으로 옳은 것은?**

① 마가린은 실온에 두어 부드럽게 한 후 계량스푼으로 수북하게 담아 계량한다.
② 버터나 마가린은 얼린 형태 그대로 잘라 계량컵에 담아 계량한다.
③ 고체 식품은 무게(g)보다 부피를 재는 것이 더 정확하다.
④ 흑설탕의 경우 끈적거리는 성질 때문에 계량컵에 빈 공간이 없도록 채워서 계량한다.

정답 ④

해설 고체식품(버터, 마가린) 등은 부피보다 무게(g)를 재는 것이 정확하다. 계량컵이나 계량스푼을 이용하여 잴 때에는 실온에 두어 약간 부드럽게 한 후 빈 공간 없이 채워 표면을 평면이 되도록 깎아서 계량한다.

13 **떡 만드는 재료의 전처리 방법으로 옳지 않은 것은?**

① 현미나 흑미는 멥쌀이나 찹쌀보다 오랜 시간 불려야 한다.
② 멥쌀은 물에 씻어 불린 후 체에 밭쳐 30분 정도 물기를 뺀다.
③ 잣은 고깔을 떼어내고 칼날로 곱게 다져 기름을 빼고 사용한다.
④ 붉은 팥고물을 만들 때는 팥을 물에 충분히 불려서 삶는다.

정답 ④
해설 붉은 팥은 물에 불려서 삶으면 팥의 색감이 흐려져 물에 불리지 않고 바로 삶아야 한다.

14 **부재료의 전처리 방법으로 적절하지 않은 것은?**

① 거피팥은 5시간 이상 불려서 깨끗이 씻으면서 겉껍질을 제거한다.
② 늙은 호박고지는 끓는 물에 삶는다.
③ 잣은 고깔을 떼고 마른 면포로 닦아 다져서 기름을 제거한다.
④ 호두는 끓는 물에 데쳐 속껍질을 제거한다.

정답 ②
해설 말린 늙은 호박고지는 미지근한 물에 담가 불린 후 수분을 제거하고 설탕을 넣어 살짝 버무려 사용한다.

15 **떡 제조 시 쌀을 깨끗이 씻어야 하는 이유로 적당한 것은?**

① 비타민 B_1이 손실되는 것을 방지한다.
② 빨리 노화되는 것을 방지한다.
③ 쌀겨의 잡냄새가 제거되어야 떡이 맛이 있고 쉽게 변패되지 않는다.
④ 떡을 찌는 시간이 길어진다.

정답 ③
해설 떡 제조 시 쌀을 찬물로 깨끗이 세척 하지 않고 떡을 만들면 잡냄새가 나고 쉽게 변패된다.

16 **다음 중 토란의 점질 물질인 갈락탄을 제거하는 방법으로 옳은 것은?**

① 식초물로 씻어준다.
② 소금물이나 쌀뜨물에 넣고 데친다.

정답 ②
해설 토란을 쌀뜨물이나 소금물에 살짝 데치는 이유는 토란의 독성을 제거하고 아린 맛을 제거하기 위해서다.

③ 토란 껍질을 벗겨 수세미로 문지른다.
④ 얼음물에 담가둔다.

17 떡에 추가하는 채소류의 전처리 방법으로 틀린 것은?

① 상추 시루떡(와거병)의 주재료인 상추는 살짝 데쳐서 사용한다.
② 호박고지는 물에 불렸다가 물기를 제거하고 설탕에 버무려 사용한다.
③ 쑥은 봄에 나오는 어린 쑥을 이용하며, 소금을 넣고 데쳐서 사용한다.
④ 대추는 물에 재빨리 씻어 물기를 제거하고 사용한다.

정답 ①
해설 상추는 깨끗이 씻어 수분을 제거하고 손으로 찢어 사용한다.

18 채소를 전처리(blanching)하는 설명 중 옳지 않은 것은?

① 수증기 사용법은 수용성 성분의 손실이 적고 폐기물 발생량이 적어진다.
② 효소를 불활성화시키기 위하여 가열 처리하는 방법이다.
③ 열탕 사용법은 비용이 적고 에너지효율이 높으나 수용성 성분의 손실이 많은 것이 단점이다.
④ 전처리 전보다 색상이 흐려지고 부피가 늘어난다.

정답 ④
해설 채소를 전처리(blanching)하면 색상이 선명하고, 부피가 감소한다.

19 수수가루를 만들기 위한 전처리 방법으로 맞는 것은?

① 수수는 살살 문질러 씻어 2시간 불린 후에 빻는다.
② 불린 수수는 물을 빼고 다시 말려 빻아 수수가루로 만든 뒤에 떡을 만들어야 한다.
③ 수수는 뜨거운 물에 30분만 불려 빻아 수수가루를 만든다.
④ 수수는 탄닌의 떫은맛을 제거하기 위해 자주 물을 갈아주면서 불린다.

정답 ④
해설 수수는 찬물로 여러 번 깨끗이 씻어 떫은 성분(탄닌)을 제거한 후 수분을 제거하고 소금을 넣고 곱게 빻아 가루를 만들어 사용한다.

20 **떡의 부재료에 대한 설명으로 틀린 것은?**

① 볶은 땅콩은 지방을 많이 함유하고 있으므로 장기간 보관 시 냉장실에 보관한다.

② 늙은 호박고지는 미지근한 물에 불려 사용한다.

③ 쑥은 데친 후 찬물에 헹궈서 사용하고 오래 보관할 경우 냉동 보관한다.

④ 붉은팥은 불리지 않고 삶아서 사용한다.

정답 ①

해설 땅콩은 지방을 많이 함유하고 있어 쉽게 산패된다. 장기간 보관 시 밀폐용기에 담아 냉동 보관한다.

예상문제

2회

01 고물을 만드는 방법으로 옳지 않은 것은?

① 거피팥 고물을 만들 때 거피팥은 8시간 이상 물에 불려 껍질을 벗긴 후에 찐다.
② 붉은팥 고물을 만들 때 팥은 거피팥과 같이 물에 불려 사용한다.
③ 깨고물은 깨를 볶을 때 콩과 함께 볶아 콩알이 터지면 잘 익은 것이다.
④ 녹두 고물은 통으로 사용할 경우 찐 녹두 그대로 사용하고, 고운 녹두고물로 사용할 경우에는, 찐 녹두를 찧어서 체에 내려 사용한다.

정답 ②
해설 붉은팥 고물용 팥은 물에 깨끗이 씻어 물에 불리지 않고 삶은 후 첫물은 버린 후 다시 삶는다. 팥을 삶아 첫물을 버리는 이유는 팥에는 사포닌이라는 성분이 있어 쓴맛을 내고 단백질의 소화를 방해하기 때문이다.

02 팥고물 시루떡을 만드는 방법으로 옳지 않은 것은?

① 찜기나 시루에 팥고물을 먼저 깔고, 쌀가루를 넣어 순서대로 켜켜이 안친다.
② 켜 없이 하나의 무리떡으로 찌는 떡으로 미리 칼집을 넣어서 찌기도 한다.
③ 팥고물 시루떡은 멥쌀과 찹쌀을 각각 찌거나, 멥쌀과 찹쌀을 섞어서 찌기도 한다.
④ 팥고물 시루떡의 팥고물은 팥 알맹이가 살아 있게 대강 찧어 사용한다.

정답 ②
해설 팥시루떡은 시루에 쌀가루 팥고물을 번갈아 켜켜이 쌓아 찌는 떡이다.

03 **녹두 고물을 준비하는 과정으로 옳지 않은 것은?**

① 껍질을 벗겨 깨끗하게 해서 조리질을 한다.
② 미지근한 물에 4~5시간 불린다.
③ 스팀에 30~40분 정도 찐다.
④ 스팀에 10분 정도 찐다.

정답 ④

해설 고물용 녹두를 스팀에 10분 정도 찌면 속까지 완전히 익지 않으므로 30~40분 정도 찐다.

04 **다음 중 거피팥 대용의 고물로 가장 많이 쓰이는 것은?**

① 완두콩 ② 강낭콩
③ 팥 ④ 동부

정답 ④

해설 콩 중에서 꼬투리가 가장 길며, 덜 익은 것은 밥에 넣어 먹고, 완전히 익은 것은 떡고물에 주로 이용한다.

05 **다음 중 무거리를 맞게 설명한 것은?**

① 여물지 않아서 물기가 많은 곡식알
② 쌀을 불려 물과 함께 갈아서 끓인 풀
③ 불린 쌀을 물과 함께 가라앉힌 앙금
④ 곡류를 빻아 체에 쳐서 가루를 내고 남은 찌꺼기

정답 ④

해설 곡식 등을 빻아 체에 쳐서 가루를 내고 남은 찌거기를 무거리라고 한다.

06 **고물 저장 시 수분의 함량에 따라 미생물에 의한 변질이 쉬운데 이를 억제하기 위해 수분의 함량을 몇 %로 이내로 저장하여야 하는가?**

① 24% 이하 ② 29% 이하
③ 19% 이하 ④ 14% 이하

정답 ④

해설 미생물은 수분함량이 15% 이하면 생육이 어려워져 변질을 방지할 수 있다.

07 **고명을 만드는 방법으로 옳지 않은 것은?**

① 잣은 고깔을 떼어내고 마른 면포로 닦아서 한지나 키친타월 위에 올려놓고 다져서 사용한다.
② 석이채는 석이를 불리지 않고 차가운 물에 살짝 씻어 말린 후 곱게 채 썬다.

정답 ②

해설 석이버섯은 뜨거운 물에 불린 다음 찬물로 이끼, 돌기를 깨끗이 씻어내고 수분을 제거한 뒤 곱게 채 썬 후 사용한다.

③ 밤채는 밤의 겉껍질과 속껍질을 벗겨낸 뒤 물에 담그지 않은 상태에서 살짝 시들면 곱게 채를 썬다.
④ 대추채는 대추를 면포로 닦은 후 돌려깎기 하여 밀대로 밀어 채 썬다.

08 거피팥 고물을 냉각시키는 방법으로 옳지 않은 것은?

① 선풍기를 틀어서 수분을 날려준다.
② 찜기에 찐 거피팥은 그대로 실온에 5시간 이상 식혀준다.
③ 냉장고에 넣어 재빨리 냉각한다.
④ 수분을 날릴 때는 주걱으로 자주 뒤집으면서 식혀준다.

정답 ②
해설 거피팥 고물은 쉽게 상하기 때문에 실온에서 5시간 방치하면 맛이 변질된다.

09 팥 시루떡을 만들기 위해 팥 삶는 방법으로 옳은 것은?

① 처음 2배의 물에 살짝 삶은 후 물을 버리고 새 물을 부어 삶는다.
② 처음부터 팥의 10배의 물을 넣고 푹 무르게 삶는다.
③ 팥의 색을 보존하기 위해서 식초를 넣고 삶는다.
④ 팥의 사포닌 성분을 제거하기 위해 물에 오래 불려준다.

정답 ①
해설 팥을 삶아 첫물을 버리는 이유는 팥에는 사포닌이라는 성분이 있어 쓴맛을 내고 단백질의 소화를 방해하기 때문이다.

10 녹두에 대한 설명으로 적절하지 않은 것은?

① 떡고물, 떡 소, 녹두죽, 빈대떡으로 많이 이용한다.
② 몸을 따뜻하게 하는 성질이 있다.
③ 녹두껍질을 벗길 때 불린 물에서 비벼가며 벗겨야 잘 벗겨진다.
④ 청포묵은 녹두 전분으로 쑨 묵이다.

정답 ②
해설 녹두는 한방에서 성질이 차고 맛은 달며 독이 없다고 한다.

예상문제

3회

01 다음 중 인절미의 고물로 쓰이지 않는 것은?

① 코코아 가루 ② 흑임자 가루
③ 콩가루 ④ 녹두 고물

정답 ①
해설 인절미의 고물로 코코아 가루는 사용하지 않는다.

02 인절미 만드는 방법으로 옳지 않은 것은?

① 떡이 뜨거울 때 고물을 묻혀야만 고물이 잘 묻는다.
② 찹쌀을 물에 7~8시간 이상 담갔다가 물기를 뺀 후 찜기에 찌다가 중간에 소금물을 뿌려주면서 찐다.
③ 쪄낸 찹쌀을 스테인리스 볼이나 안반에 놓고 많이 칠수록 떡이 쫄깃하고 부드럽다.
④ 인절미 만들 때는 멥쌀만을 사용하여 떡을 만든다.

정답 ④
해설 인절미는 찹쌀이나 찹쌀가루를 사용하여 시루에 쪄서 절구에 찧어 먹기 좋은 크기로 잘라 고물을 묻힌 떡이다.

03 가래떡은 어떤 종류의 떡인가?

① 지지는 떡 ② 삶는 떡
③ 빚어 찌는 떡 ④ 쪄서 치는 떡

정답 ④
해설 멥쌀가루를 체에 쳐서 물로 고수레를 한 다음, 시루에 찐 다음 안반(떡판)에 올려놓고 메로 치고, 손으로 둥글고 길게 늘여 만든다. 현대에는 기계를 이용하여 가래떡을 만든다.

04 가래떡을 만드는 방법으로 옳지 않은 것은?

① 가래떡은 쌀가루, 물, 소금만을 넣어서 만든다.
② 가래떡을 만들어 하루 정도 말려 동그랗게 썰면

정답 ③
해설 가래떡(흰떡)은 찹쌀이 아닌 멥쌀을 사용하여 만든다.

떡국용 떡이 된다.
③ 가래떡은 치는 떡의 한 종류로 찹쌀을 사용하여 만든다.
④ 쪄낸 멥쌀은 스테인리스 볼이나 절구에 넣고 하나로 뭉치도록 쳐서 길게 반대기를 만든다.

05 쇠머리찰떡을 만드는 방법으로 옳지 않은 것은?

① 쇠머리찰떡은 충청도의 향토 떡이다.
② 찹쌀가루에 준비된 밤, 대추, 콩 등을 섞어서 흰 설탕을 켜켜이 넣고 찐다.
③ 불린 서리태는 찌거나 삶아서 소금을 조금 뿌려 사용한다.
④ 쪄낸 찰떡은 냉동고에 얼렸다가 편으로 자른다.

정답 ②

해설 쇠머리떡은 찹쌀가루에 주로 황설탕을 사용하며, 부재료 밤, 대추, 콩, 팥 등을 섞어 버무려 시루에 찐 찰무리 떡이다. 떡을 겹쳐서 굳혀 썰었을 때 마치 쇠머리 편육처럼 생겼다 하여 붙여진 이름으로 모둠백이라고도 한다.

06 송편을 찐 다음 바로 찬물에 담그거나 찬물을 뿌려주는 가장 큰 이유는?

① 기름이 잘 스며들게 하려고
② 송편이 오래도록 굳지 않게 하려고
③ 송편이 차지게 하려고
④ 송편이 잘 떨어지게 하려고

정답 ③

해설 송편은 찐 후 찬물에 잠시 담그거나, 찬물을 뿌려주는 것은 차지게 하기 위해서이며 너무 찬물에 오래 담가두면 떡이 빨리 상한다.

07 송편 소가 질어지면 생기는 현상은?

① 송편이 딱딱해진다.
② 송편이 갈라진다.
③ 송편소는 질어도 떡과는 관계가 없다.
④ 송편이 크게 만들어진다.

정답 ②

해설 송편의 소가 질어지면 시루에 쪘을 때 표면이 갈라진다.

08 **송편을 찔 때 솔잎을 깔고 찌면 쉽게 상하는 것을 방지해 주는 이유는 솔잎의 어떤 성분 때문인가?**

① 포르말린　② 베타카로틴
③ 토코페롤　④ 피톤치드

정답 ④
해설 피톤치드 성분은 식물이 스스로를 보호하기 위한 물질이며 근본이 항균성, 살충성 물질이다. 소나무, 편백나무, 잣나무 등 침엽수에 피톤치드 발산량이 많은 편이다.

09 **약식을 할 때 설탕을 먼저 넣고 비벼주는 가장 큰 이유는?**

① 약식의 단맛과 색이 잘 살아나고 보존성을 높이기 위해서
② 설탕이 녹지 않을 것 같아서
③ 당도를 높여주기 위해서
④ 약식의 밥알이 잘 물러지게 하려고

정답 ①
해설 약식의 색감과 단맛 그리고 저장성을 높이기 위해서 먼저 설탕을 넣고 비벼준다.

10 **약식에서 약자가 들어가는 음식의 의미는?**

① 갖은양념이 들어간 음식이다.
② 순수한 재료의 맛을 즐기는 음식이다.
③ 먹으면 치료가 되는 음식이다.
④ 꿀이 들어간 음식이다.

정답 ④
해설 꿀을 약(藥)이라 하므로 꿀술을 약주, 꿀밥을 약밥(약식)이라고 하였으며, 꿀을 넣어 만든 과자를 약과라고 한다.

11 **멥쌀편을 엎었을 때 둘레가 깔끔하게 나오는 방법은?**

① 눌러서 안친다.
② 시루의 둘레를 1번씩 두들겨준다.
③ 반죽을 질게 한다.
④ 평평하게 안친다.

정답 ②
해설 멥쌀편을 찔 때 시루의 둘레를 1~2회 두들겨 공기를 빼주면 쌀가루가 시루 둘레에 붙지 않는다.

12 **두텁떡에 들어가는 재료가 <u>아닌</u> 것은?**

① 유자　② 호박
③ 거피팥　④ 견과류

정답 ②
해설 두텁떡(봉우리떡)의 호박은 속 재료가 아니다.

13 찹시루떡 제조과정에 대한 설명이 올바르지 않은 것은?

① 찹쌀가루가 고울수록 떡이 잘 익는다.
② 불린 찹쌀은 롤러밀에 넣고 한 번만 빻는다.
③ 켜떡에 사용하는 고물류는 거칠게 빻아져야 떡이 잘 익는다.
④ 고물류는 적당한 두께로 켜켜이 안쳐 찌도록 한다.

정답 ①

해설 찹쌀가루가 너무 고우면 찔 때 수증기를 막아 떡이 잘 익지 않는다.

14 경단을 반죽할 때와 삶은 후 헹굴 때 적당한 물은?

① 끓는 물, 찬물　② 찬물, 찬물
③ 찬물, 끓는 물　④ 끓는 물, 끓는 물

정답 ①

해설 경단은 익반죽(뜨거운 물)으로 하고, 삶은 후 찬물을 사용하여 헹군다.

15 떡을 할 때 물을 내린다는 의미는?

① 떡을 썰 때 칼에 물을 묻히면서 썬다.
② 떡에 들어가는 부재료에 물기를 준다.
③ 떡쌀을 물에 담가 물을 흡수하도록 한다.
④ 쌀가루에 꿀물이나 물을 넣어서 체에 다시 친다.

정답 ④

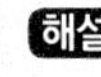
해설 떡 제조 시 물을 내린다는 말은 멥쌀이나 찹쌀가루에 물이나 꿀을 넣고 체에 내린다는 의미이다.

16 전통 두텁떡에 대한 설명이다. 옳지 않은 것은?

① 궁중의 대표적인 떡이다.
② 쌀가루는 간장으로 간을 한다.
③ 쌀 8kg에 소금 10g 정도가 적당하다.
④ 합병 또는 봉우리떡이라고도 한다.

정답 ③

해설 두텁떡은 거피팥고물, 찹쌀가루에 소금 간을 하지 않고, 간장으로 간을 해서 찹쌀가루와 소를 봉우리처럼 덮어 찌는 궁중 떡이다.

17 감가루를 섞어 자줏빛이 나고, '삼키기가 아까울 정도로 맛있는 떡'이라 하여 이름 붙여진 떡은?

① 혼돈병　② 신과떡
③ 석탄병　④ 당귀병

정답 ③

해설 석탄병(惜呑餠)은 삼키기가 아까운 떡이라는 뜻이다.

18 다음 떡 중 부재료가 <u>다른</u> 것은?

① 상추떡　② 백자편
③ 와거병　④ 상추시루떡

정답 ②

해설 백자편(잣편)은 꿀과 설탕을 함께 끓이다가 잣을 넣고 엉길 만할 때 반반한 그릇에 넣고 굳힌 음식이다.

19 말린 고구마 가루와 찹쌀가루를 섞어 시루에 찐 떡은 무엇인가?

① 나복병　② 서속떡
③ 석탄병　④ 남방감저병

정답 ④

해설 남방감저병은 찹쌀가루에 고구마(甘藷) 가루를 섞어 시루에 찐 떡이다.

20 다음 떡에 대한 설명 중 옳지 <u>않은</u> 것은?

① 쑥, 오미자 등 천연 색소를 이용하여 다양한 색을 낼 수 있다.
② 복령, 승검초 등 여러 약재를 넣어 건강식으로 이용한다.
③ 떡의 역사는 비교적 짧다.
④ 백설기, 봉치떡 등은 통과의례에서 각각 의미를 가진다.

정답 ③

해설 떡의 역사는 정확히 알 수는 없으나 문헌의 기록, 떡의 기구, 곡물의 도구 등의 발굴로 간접적으로 추측해 볼 수밖에 없는데, 이런 방식을 통해 멀리는 신석기 시대를 떡의 시작으로 보는 견해도 있어 떡의 역사는 아주 오래됐다.

21 '어설프게 한 일은 곧 나쁜 결과를 가져온다'는 떡에 관련된 속담은?

① 선떡이 부스러진다.
② 호박떡도 데워서 먹어야 한다.
③ 떡 가지고 뒷간 간다.
④ 밥 위에 떡이다.

정답 ①

해설 떡이 채 익지 아니하면 푸슬푸슬 부스러진다는 뜻으로, 어설프게 한 일은 곧 나쁜 결과를 가져옴을 비유적으로 이르는 말이다.

22 **물편에 대한 설명이 옳은 것은?**

① 도병이라 하여 물을 축여가며 찧는다는 뜻이다.
② 물을 충분히 내려서 찐 떡이다.
③ 시루떡 이외의 모든 떡을 이르는 말이다.
④ 끓는 물로 반죽하여 만든 떡이다.

정답 ③
해설 물편은 시루떡을 제외한 모든 떡을 통틀어 이루는 말이다. 물편의 종류는 매우 다양하며 절구에 쳐서 만드는 대표적 떡으로는 개피떡, 절편, 인절미, 단자가 있다.

23 **혈관 강화작용이 있는 루틴을 함유한 곡류는?**

① 메밀 ② 귀리
③ 옥수수 ④ 수수

정답 ①
해설 메밀에 함유된 루틴은 혈관을 확장시켜 혈액순환을 개선하고, 혈소판 응집을 억제하여 혈전 생성을 예방하는 효과가 있다.

24 **다음 중 발효시켜 만드는 떡은?**

① 부꾸미 ② 증편
③ 주악 ④ 웃지지

정답 ②
해설 증편(기정떡)은 여름에 먹는 떡의 하나로 멥쌀가루에 막걸리를 넣고 반쯤 발효시킨 뒤 쪄서 만든 떡이다.

25 **증편에 대한 설명 중 옳지 않은 것은?**

① 여름에 주로 먹는 편이다.
② 기주떡 또는 술떡이라고 한다.
③ 찌는 모양에 따라 명칭이 달라진다.
④ 상화병이 본래 명칭이다.

정답 ④
해설 상화병(상화떡, 상외떡, 상애떡)은 유두절에 만들어 먹는 여름 절기 밀가루 떡이다.
상화병(霜花餠): 눈처럼 하얀 꽃이라는 뜻

26 **증편의 다른 이름이 아닌 것은?**

① 술떡 ② 쉼떡
③ 기주떡 ④ 기정떡

정답 ②
해설 쉼떡은 송편의 방언으로 함북, 중국 길림성 지방에서 부르는 말이다.

27 **증편의 발효조건 중 옳지 않은 것은?**

① 무살균 탁주를 이용한다.
② 쌀가루는 고운체에 곱게 내린다.
③ 발효온도는 50~60℃가 적당하다.
④ 설탕은 발효할 수 있는 효모의 영양분이 된다.

정답 ③
해설 증편의 발효 온도는 30~35℃, 습도 80%가 적당하다.

28 **다음 떡에 대한 설명 중 옳지 않은 것은?**

① 물 내리기를 할 때 찐 단호박을 넣으면 선명한 노란색 떡이 만들어진다.
② 멥쌀가루에 생콩가루를 섞어 떡을 하면 콩의 단백질이 식감을 부드럽게 해준다.
③ 더운 여름 증편이 과발효 되었을 때는 찹쌀가루를 더 넣어 농도를 맞춘다.
④ 증편을 짧은 시간 안에 발효시키려면 물의 양을 줄이고 막걸리 양을 늘린다.

정답 ③
해설 더운 여름에 증편 반죽이 과발효 되면 시큼한 냄새가 나고 떡을 쪘을 때 부풀지 않는 이유이다.

29 **찹쌀이나 멥쌀을 시루에 쪄 만든 밥을 표현한 것 중 옳지 않은 것은?**

① 지에밥　② 진밥
③ 고두밥　④ 술밥

정답 ②
해설 진밥은 김밥의 평안도 방언이다.

30 **증병에 대한 설명으로 옳지 않은 것은?**

① 일명 시루떡이다.
② 곡물을 가루 내어 시루에 안치고 물솥 위에 얹어 증기로 쪄내는 떡이다.
③ 켜떡을 무리떡이라고 한다.
④ 떡의 모양에 따라 설기떡과 켜떡이 있다.

정답 ③
해설 켜떡은 켜를 지어 만든 떡으로 무리떡이 아니다.

31 다음 중 각색편이 아닌 것은?

① 꿀편　② 승검편
③ 백편　④ 석이편

(정답) ④
해설 백편, 꿀편, 승검초편을 각색편(갖은편)이라고 한다.

32 다음 중 삼색 별편이 아닌 것은?

① 흑임자편　② 매실백편
③ 송기편　④ 송화편

(정답) ②
해설 삼색별편은 멥쌀가루에 송기가루, 송홧가루, 흑임자가루를 각각 섞고 체에 내린 후 잣가루를 섞어 고명으로 석이버섯채와 대추채를 얹어 쪄내는 떡이다.

33 다음 중 찌는 떡으로만 짝지어진 것은?

① 혼돈병, 두텁떡, 석이병
② 고치떡, 산병, 당귀떡
③ 송편, 수수부꾸미, 석류병
④ 인절미, 석탄병, 백설기

(정답) ①
해설 혼돈병, 두텁떡, 석이병은 멥쌀가루와 찹쌀가루를 사용하여 찌는 떡이다.

34 다음 중 찌는 떡이 아닌 것은?

① 석이병　② 두텁떡
③ 상화병　④ 경단

(정답) ④
해설 경단은 찹쌀가루나 찰수수 가루를 뜨거운 물에 익반죽하여 밤톨만 한 크기로 둥글게 빚어 끓는 물에 삶아내어 고물을 묻힌 떡이다.

35 굳은 다음 썰어 놓은 떡 모양이 마치 편육을 썰어 놓은 것 같다 해서 이름 붙여진 떡으로 부산에서 '모두배기'라 일컫는 떡은?

① 석이병　② 두텁떡
③ 쇠머리떡　④ 구름떡

(정답) ③
해설 쇠머리떡은 콩, 밤, 대추, 팥 등을 찹쌀가루에 섞어 찐 떡으로 '모듬백이'라고도 한다.

36 **다음 중 찹쌀떡에 대한 설명으로 틀린 것은?**

① 유화제를 과량 사용하면 윗면이 갈라진다.
② 떡의 당도는 앙금의 당도와 맞춘다.
③ 아밀라아제 과다 사용 시 시간이 지나면 제품이 풀이 된다.
④ 물엿은 떡을 촉촉하게 하기 위해 총 당량의 30%까지 넣는다.

정답 ④
해설 찹쌀떡의 속 재료는 앙금을 넣어 만들기 때문에 단맛을 추가적으로 내지 않아도 된다.

37 **두텁떡을 표현한 말 중 옳지 않은 것은?**

① 후병 ② 봉우리떡
③ 석탄병 ④ 합병

정답 ③
해설 두텁떡의 다른 이름은 후병, 합병, 봉우리떡이라고 한다.

38 **다음 중 흰떡(白餠)이라고도 불리며, 설날에 떡국으로 만들어 먹는 떡은?**

① 절편 ② 쑥떡
③ 가래떡 ④ 송편

정답 ③
해설 가래떡은 백탕(白湯), 병탕(餠湯)이라고도 한다. 경상도 일부 지역에서는 골미떡이라고도 부른다.

39 **떡 이름에 잡과(雜果)가 들어가는 것은 떡을 어떤 방법으로 제조했다는 뜻인가?**

① 멥쌀을 사용하였다.
② 여러 부재료가 들어갔다.
③ 잡곡이 주재료이다.
④ 찹쌀을 사용하였다.

정답 ②
해설 잡과병은 경상도 지방의 떡으로 멥쌀가루에 밤, 대추, 유자, 곶감, 호두, 잣 등의 견과류를 섞어 시루에 찐 무리떡으로 여러 가지 과일을 섞는다는 뜻에서 잡과(雜果)라는 이름이 붙여졌다.

40 **우리나라에서 모유가 부족할 때 이유식으로 만들어두었다가 아기에게 먹였던 떡은?**

① 경단 ② 백설기
③ 인절미 ④ 달떡

정답 ②
해설 백설기를 햇볕에 바싹 말려서 고운 가루를 내어 암죽을 만들어 먹였다.

41 **흰떡을 만들어 찐 다음, 절구에 쳐서 두 번째로 소를 넣어 송편 모양으로 빚고 다시 찐 떡의 이름은?**

① 여주산병 ② 재증병
③ 달떡 ④ 용떡

정답 ②
해설 재증병(再蒸餠)은 두 번 찐다는 의미이다. 멥쌀가루를 쪄서 절구에 넣고 한번 치대다가 그 반죽을 꺼내 소를 넣고 송편 모양으로 빚은 후 한 번 더 쪄준 떡이다.

42 **다음 중 지지는 떡이 아닌 것은?**

① 수수부꾸미 ② 산승
③ 화전 ④ 개성주악

정답 ④
해설 개성주악(우메기)은 찹쌀가루에 멥쌀가루나 밀가루를 섞은 후, 막걸리나 소주를 넣고 익반죽하여 둥글게 빚은 것을 기름에 튀긴 뒤 조청, 꿀 등을 넣어 약과처럼 만든 일종의 한과이다.

43 **지지는 떡을 만드는 방법으로 옳지 않은 것은?**

① 찹쌀 반죽은 많이 치대야만 표면이 부드럽고 갈라지지 않는다.
② 계절의 꽃이 없을 경우 대추, 쑥갓 잎을 이용하여 모양을 내도 좋다.
③ 지지는 떡의 반죽은 기름에 지지기 때문에 찬물로 질게 반죽해도 된다.
④ 반죽할 때에는 찹쌀가루를 조금 남겨놓고 반죽의 상태를 봐가면서 해야 반죽이 질어지는 것을 방지할 수 있다.

정답 ③
해설 지지는 떡의 종류로는 화전류, 주악류, 부꾸미류, 산승류, 전병류 등이 있고, 찹쌀가루를 뜨거운 물로 익반죽하여 모양을 만들어 기름에 지진 떡이다.

44 **약식 재료 중 캐러멜 소스를 만드는 방법은?**

① 백설탕을 끓는 물에 끓여서 사용한다.
② 백설탕을 물에 넣고 저어서 사용한다.
③ 물엿을 가열해서 사용한다.
④ 백설탕과 물을 냄비에 넣고 불에 올려 갈색이 될 때까지 가열한다.

정답 ④
해설 캐러멜을 만들 때 일어나는 반응인 캐러멜화 과정을 이용해 만들어낸 색소로서, 백설탕이나 밀가루 등을 가열하면 갈색이 되는데, 그 반응을 이용하는 것이다.

45 **캐러멜 색소를 만들 때 설탕의 결정화를 막아주는 것은?**

① 꿀　　② 식용유
③ 설탕　　④ 물엿

정답 ④
해설 캐러멜색소 제조 시 마지막에 물엿을 넣어주면 설탕의 재결정화를 막아준다.

46 **다음 중 토란의 아린 맛 성분은?**

① 리나마린　　② 갈락탄
③ 호모겐티스산　　④ 이눌린

정답 ③
해설 호모겐티스산(homogentisic acid) 식물 중에 존재하는 티로신의 대사산물로 죽순, 토란의 아린 맛을 나타내는 물질이다.

47 **『주례』에 찹쌀밥을 찐 후 쳐서 만든 떡에 콩가루를 묻힌 것으로 지금의 인절미와 비슷한 떡은?**

① 박탁(餺飥)
② 혼돈(餛飩)
③ 구이분자(糗餌粉餈)
④ 교이(餃餌)

정답 ③
해설 구이(糗餌): 볶은 멥쌀에 콩가루를 묻힌 떡
분자(粉餈): 찹쌀밥을 쳐서 콩가루를 묻힌 떡, 현재의 인절미와 유사한 떡이다.

48 **상사일(上巳日)은 첫 번째 뱀의 날로 집안에 뱀이 들어온다 하여 이를 막기 위해서 해 먹었던 떡은?**

① 청애병　　② 상화병
③ 승검초편　　④ 진달래화전

정답 ①
해설 고려시대에는 상사일(삼짇날)에 해 먹는 청애병(쌀가루에 어린 쑥잎을 섞어 찐 설기)을 음식 중 으뜸이라고 했다.

49 **다음 중 부편에 대한 설명으로 적절하지 않은 것은?**

① 밀양을 비롯한 경상도 지방에서 즐겨 먹는다.
② 찹쌀가루를 익반죽한 뒤 볶은 콩가루에 꿀과 계핏가루를 섞어 소를 만들어 넣는다.
③ 대추채나 곶감채를 얹어 거피팥 고물을 뿌려 쪄낸 떡이다.
④ 찹쌀가루를 익반죽하여 누에고치 모양으로 만들어 삶아 잣가루를 묻힌 떡이다.

정답 ④
해설 찹쌀가루를 익반죽한 뒤 볶은 콩가루에 꿀과 계핏가루를 섞어 소를 넣고 둥글게 빚어 그 위에 대추채, 곶감채를 얹어 거피팥고물을 뿌려 쪄내어 만든 떡이다.

50 **남방감저병에 대한 설명 중 <u>틀린</u> 것은?**

① 고구마가 우리나라에 도입될 당시 남방(南方)인 지금의 일본에서 들어왔다고 해서 남방감저라고 한 것이다.

② 고구마 가루와 전분가루를 섞어서 시루에 찌는 떡이다.

③ 병은 떡을 의미하는 한자어이다.

④ 고구마를 껍질째 씻어서 말리어 가루를 낸다.

 ②

해설 남방감저병은 감저(甘藷) 고구마 가루를 찹쌀가루와 섞어서 시루에 찌는 떡이다.

예상문제

01 포장 후 화학적 식중독에 감염되지 않는 용기로 유해하지 않은 것은?

① 착색된 비닐포장재
② 형광물질이 함유된 종이 물질
③ 알루미늄박 제품
④ 페놀수지 제품

정답 ③
해설 알루미늄박은 식료품, 담배, 약품 등의 휴대용 포장 재료로 사용된다. 흔히 은박지라고 하는 것은 대부분 이것이다.

02 식품 포장에 대한 설명으로 옳지 않은 것은?

① 식품의 상태를 보호하고 위생적으로 안정성을 보장하기 위한 작업이다.
② 식품의 수송, 보관을 쉽게 하기 위해 필요한 작업이다.
③ 식품 포장은 식품을 유통할 때만 필요한 작업이다.
④ 식품의 가치상승을 위해 식품 포장을 한다.

정답 ③
해설 식품 포장은 품질 보존, 저장, 수송의 편이를 위해 기술 및 기법이 필요한 작업이다.

03 떡류 포장재질로 주로 사용되는 것은?

① 종이
② 알루미늄박
③ 폴리에틸렌(PE)
④ 유리

정답 ③
해설 떡은 폴리에틸렌(PE)필름 재질 포장재를 주로 사용한다.

04 셀로판 포장지의 특징으로 옳지 않은 것은?

① 가시광선을 거의 투과시키지 못한다.
② 일반적으로 독성이 없다.
③ 보통 셀로판에는 방습성이 없으나 방습 셀로판은 방습성이 있다.
④ 온도의 영향을 많이 받는다.

정답 ①
해설 셀로판은 재생 셀룰로스(cellulose)로 만든 얇고 투명한 시트(sheet)이다. 공기, 기름, 세균, 수분 등이 잘 투과하지 못하기 때문에 식품을 포장하는 데 유용하게 쓰인다.

05 포장재 자체를 먹을 수 있는 것으로 치즈, 버터의 내유피막으로 사용하며 물에 녹지 않아 셀로판 정도로 질기고 신축성이 있는 포장재는?

① 폴리염화비닐 ② 알루미늄박
③ 아밀로오스 필름 ④ 염화수소 고무

정답 ③
해설 아밀로오스 전분에서 분리하여 만든 아밀로오스 필름은 투명한 무색 포장지이다.

06 떡류를 포장할 때의 방법으로 옳지 않은 것은?

① 떡은 주재료에 따라 찌기 전 포장용지나 방식에 맞추어 칼로 잘라놓는다.
② 떡은 뜨거운 김이 오를 때 즉시 포장해서 수분을 잃지 않도록 한다.
③ 포장이 모두 끝나면 식품 표시사항을 부착한다.
④ 떡을 포장할 때는 수분 증발을 막기 위해 비닐을 덮어놓고 작업한다.

정답 ②
해설 떡을 뜨거울 때 포장하면 떡이 질어지므로 한 김 나간 뒤 포장하는 것이 좋다.

07 떡을 포장하기 전에 냉동고에 떡을 넣어 냉각하는 이유로 옳은 것은?

① 떡을 포장할 때 고물이 떨어지는 것을 방지하기 위하여
② 미생물이 번식하기 좋은 온도를 지나가야 하므로 빨리 온도를 낮추기 위해서
③ 떡을 포장하기 전 임시 보관 장소로 사용하기 위하여

정답 ②
해설 미생물로 인한 변질이나 부패를 방지하기 위해 포장 전 냉동고에 냉각한다.

④ 떡의 모양을 고정해 기계 포장을 쉽게 하려고

08 **기구 또는 용기·포장의 표시사항이 아닌 것은?**

① 영업소 명칭 및 소재지
② 재질
③ 소비자 안전을 위한 주의사항
④ 가격

정답 ④
해설 가격은 표시사항에 속하지 않는다.

09 **떡을 폴리염화비닐로 포장하였을 경우 나타나는 문제점은?**

① 탄력성이 있다.
② 가소제의 첨가량이 많아지면 중금속이 용출된다.
③ 값이 저렴하다.
④ 투명성이 좋고 내수성과 내산성이 좋다.

정답 ②
해설 폴리염화비닐은 가소제를 첨가하면 탄성률과 유연성을 가지게 되지만 첨가량이 많아지면 중금속이 용출된다.

10 **다음 중 합성 플라스틱 용기에서 검출되는 유해물질은?**

① 주석 ② 수은
③ 비소 ④ 포르말린

정답 ④
해설 무색투명하고, 강한 자극적 냄새가 나는 유독물질 포르말린은 유해화학물질이다.

11 **용기 또는 포장 표시사항 및 기준과 거리가 먼 것은?**

① 표시항목은 보기 쉬운 곳에 알아보기 쉽도록 표시하여야 한다.
② 포장함으로써 본래의 표시가 투시되지 않을 때는 포장한 것에 다시 표시하여야 한다.
③ 다른 제조업소의 표시가 있는 것도 사용할 수 있다.
④ 외국어를 한글과 병용할 때 용기 또는 포장의 다른 면에 외국어를 동일하게 표시할 수 있다.

정답 ③
해설 제조업소의 표시가 다른 곳은 사용할 수 없다.

12 **플라스틱 용기 중 페놀수지에 대한 설명이 틀린 것은?**

① 페놀과 포르말린을 가열 축합하여 제조한다.
② 50℃ 이하에서는 페놀과 포르말린 성분이 거의 없어 보건상 우수하다.
③ 장기간 사용에도 견디며, 열경화성 수지 중에서 내열성과 내산성이 가장 우수하다.
④ 무색이며 내열성이나 내수성이 떨어져 현재 사용되는 플라스틱 용기 중에서 보건상 문제가 가장 많다.

정답 ④
해설 플라스틱은 포장용기 중 오랜 역사를 지닌 재료로 고무, 유리 등 다른 충전 재료와 병용해서 사용하는 경우가 많다.

13 **식품 포장지나 냅킨 사용 시 폐암을 일으킨다는 논란이 있어 사용을 금지하고 있는 유해물질은?**

① 납 ② 산화방지제
③ 형광증백제 ④ 주석

정답 ③
해설 무색이나 옅은 누런색이지만 자외선을 쬐면 파란 자주색의 형광을 내는 염료, 종이로 식품에 사용 시 형광증백제 접촉면을 합성수지로 코팅하여 용출되지 않게 사용해야 한다.

14 **냉장과 냉동 보관방법에 대한 설명으로 옳지 않은 것은?**

① 냉장법은 저온으로 미생물의 증식을 일시적으로 억제한 방법이다.
② 냉장 보관은 주로 채소나 과일에 많이 사용된다.
③ 냉동은 −18℃ 이하로 식품 자체의 수분을 냉각하는 방법이다.
④ 냉동법은 미생물의 변화를 완벽하게 중지시킨 것으로 오래 보관해도 식품의 품질에는 변화가 없다.

정답 ④
해설 냉동 보관법도 장기간 보관하면 식품의 수분이 증발하여 품질의 변화가 있다

15 **완성된 떡을 급랭한 후, 냉장 보관하였다가 꺼내두면 다시 말랑하게 되는 이유는?**

① 급랭과정에서 떡 표면이 코팅되기 때문이다.
② 수분이 빙결정 상태로 전분질 사이에 존재하는 수소결합을 방해하기 때문이다.

정답 ②
해설 수분의 함량 30~60% 조절 차이로 인해 빙결정 상태에 존재하는 전분과 분자 사이에 수소결합을 방해하여 전분 분자 간의 결정화를 방지한다.

③ 미생물을 열처리하여 사멸시킨 후 밀봉상태의 보존성이 좋기 때문이다.
④ 해동과정 중에서 수분이 떡 속으로 침투되기 때문이다.

16 떡을 냉장 보관하였을 때 나타나는 현상은?

① 전분의 호화로 부드럽고 맛이 좋아진다.
② 전분의 노화가 빨리 일어나 떡이 굳고 맛이 떨어진다.
③ 전분의 노화로 떡이 물러진다.
④ 전분의 호정화로 맛이 부드러워진다.

정답 ②
해설 떡을 냉장 보관하면 전분의 노화현상이 가장 잘 일어나고 떡이 굳어진다.

17 떡 포장 재료의 구비조건으로 틀린 것은?

① 제품의 상품 가치를 높일 수 있어야 한다.
② 포장 재료의 가격이 저렴해야 한다.
③ 방수성과 통기성이 있어야 한다.
④ 식품을 보호하고 이물질 혼입이 방지되어야 한다.

정답 ③
해설 포장재는 외부와 내부의 수분이 생기면 미생물의 번식 위험이 있어 방수성과 통기성이 없어야 한다.

18 기계로 떡을 포장하고 마지막 단계로 하는 작업은?

① 포장지 위생상태
② 식품 표시 부착
③ 수량 상태
④ 금속 검출기 통과

정답 ④
해설 떡 기계를 이용하여 포장이 완성되면 마지막 단계로 금속 검출기에서 금속류의 검출을 확인해야 한다.

19 켜떡 포장하는 방법으로 옳지 않은 것은?

① 내용물을 충분히 보호할 수 있는 포장재를 사용하며 포장상태가 양호해야 한다.

정답 ②
해설 켜떡은 가래떡보다 유통기한이 짧고 포장 시 수증기가 부분적으로 떡의 응축되지 않도록 해야 한다.

② 켜떡은 가래떡보다 유통기한이 길어 PE재질로 포장한다.
③ 소량을 포장할 때는 PE봉투에 계량하여 포장한 후 진공 밴드 실러를 사용하여 포장한다.
④ 포장이 끝난 제품은 외관검사와 함께 법적인 표시사항이 기록되었는지를 포장한다.

20 폴리에틸렌(PE) 포장지에 대한 설명으로 옳지 않은 것은?

① 전자레인지에 사용해도 된다.
② 90℃ 이상의 식품을 오래 담아 두면 코팅이 벗겨진다.
③ 산성 성분에 사용 시 화학물질이 녹아나온다.
④ 변색, 변형에 강하여 장기간 보관도 용이하다.

정답 ①

해설 폴리에틸렌(PE) 재질은 산성 성분, 전자레인지, 알코올 사용은 금지해야 한다.

예상문제

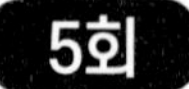

5회

01 다음 중 올바른 손 씻기를 나타낸 것은?

① 손 세척제를 사용하여 1초 동안 씻는다.
② 충분한 시간 동안 문질러 씻는다.
③ 더운물을 받아서 씻는다.
④ 손바닥 위주로 씻는다.

정답 ②
해설 손 씻기는 올바른 방법으로 손을 씻어야 효과적으로 세균을 제거할 수 있다. 먼저 물에 손을 적당한 온도로 씻기고 세정제를 바른 후 손바닥, 손등, 손가락 사이, 손톱 밑 등을 충분히 비벼주고 그런 다음 흐르는 물에 손을 씻어 세균을 제거해 준다.

02 다음 중 개인위생에서 반드시 지켜져야 할 범위가 아닌 것은?

① 화려한 복장 ② 청결한 신체
③ 건강관리 ④ 좋은 습관

정답 ①
해설 개인위생 범위에서 화려한 복장은 반드시 지켜야 할 사항은 아니다.

03 다음 식품을 오염시키는 신체 부위를 가장 잘 나타낸 것은?

① 배설기관 ② 신체기관
③ 피부 ④ 손가락

정답 ②
해설 손과 손가락, 눈, 코, 입, 피부, 모발, 배설기관 등은 식품을 오염시키는 신체 부위이다.

04 다음 중 식품취급자의 위생형태로 옳은 것은?

① 평소 건강하므로 건강진단을 받을 필요가 없다.
② 입 냄새를 없애기 위하여 작업 중에 껌을 씹는다.
③ 반지는 금반지만 착용한다.
④ 몸에 이상이 있을 때는 즉시 상급자에게 알린다.

정답 ④
해설 식품취급자는 본인 몸에 이상 증후가 나타나면 즉시 상급자에게 통보하여야 한다.

05 개인위생의 범위에 해당하지 않는 것은?

① 식품기구 ② 신체부위
③ 장신구 ④ 습관

정답 ①

해설 개인위생 범위에는 신체부위, 장신구, 습관, 복장, 건강관리, 건강진단 등이 포함된다.

06 인체 유래 병원체의 식품오염에 대한 설명으로 옳지 않은 것은?

① 피부의 산성도는 pH5.5 정도인데 이는 피부에 있는 토착세균의 성장에는 영향을 주지 않는다.
② 얼굴, 목, 손 그리고 머리카락에는 다른 부위보다 세균이 더 많이 밀집되어 있다.
③ 사람이 아플 때는 더 많은 미생물을 전파시키므로, 식품을 더 많이 오염시킬 수 있다.
④ 땀은 수용성 영양분, 피지는 지용성 영양분을 함유하고 있다. 이들 영양분은 미생물의 성장에 상당한 기여를 한다.

정답 ①

해설 건강한 피부의 경우 pH 4.5~5.5 정도의 약산성을 띠고 있다. 이는 피부에 존재하는 토착세균의 번식에 영향을 주지만 일시적으로 묻은 세균은 영향을 주지 않는다.

07 식품취급자의 개인 위생관리에 해당하는 내용으로 가장 적절한 것은?

① 머리와 모발
② 건강관리
③ 손, 모발, 복장, 건강관리, 정기검진
④ 복장과 장신구

정답 ③

해설 식품취급자는 건강관리, 정기석인 건상 검신, 개인위생, 목장, 모발 관리 등 위생관리에 및 청결에 힘써야 한다.

08 식품 업소에서 손 씻기에 사용하는 소독제가 아닌 것은?

① 요오드포름 ② 염소
③ 과산화수소수 ④ 역성비누

정답 ③

해설 투명한 액체인 과산화수소는 물보다 점성이 약간 크며, 산소와 산소의 단일 결합으로 이루어져 있고 가장 간단한 과산화물로서 표백제, 산화제, 소독제로 사용된다.

09 식품취급자의 개인위생에 대한 설명 중 옳지 않은 내용은?

① 부득이한 재채기나 기침을 막기 위해 손을 사용한다.
② 30초 이상 손을 철저히 문질러 씻고 손톱 밑은 손톱솔로 닦아야 한다.
③ 복장은 지퍼 달린 단체복을 착용하며, 주머니는 허리 아래에 위치하도록 한다.
④ 머리 또는 머리쓰개에 손을 대는 즉시 손을 씻어야 한다.

정답 ①
해설 식품취급자는 재채기나 기침을 막기 위하여 손보다는 휴지나 팔꿈치 안쪽을 사용해야 한다.

10 개인위생 관련 설비 및 기구에 대한 설명으로 옳지 않은 것은?

① 화장실은 사용하기 편리해야 하고 동시에 청결을 철저히 유지하기 쉽도록 설계되어야 한다.
② 장갑 속의 피부는 오염된 땀이 빠른 속도로 피부와 장갑 사이에 축적되므로 장갑이 오염되거나 찢기면 음식물이 대량으로 오염될 수 있다.
③ 로커는 청결해야 하며, 식품을 저장할 수도 있다.
④ 모든 화장실에 위생수칙을 비치하여, 모든 종사자가 화장실에서 용변을 보고 난 후 즉시 물과 비누로 손을 철저히 씻게 해야 한다.

정답 ③
해설 로커(locker)는 자물쇠가 있는 선반이나 서랍으로 개인의 옷이나 소유물을 넣어 둘 수 있는 공간으로 식품을 저장하면 안 된다.

11 다음 중 식품 변질의 종류가 아닌 것은?

① 변패　　② 혼합
③ 산패　　④ 부패

정답 ②
해설 식품의 변질
부패-단백질 식품이 혐기성 미생물에 의해 분해되어 저분자 물질로 변화는 현상
변패-단백질 이외의 탄수화물 등이 미생물의 분해 작용에 의해 변질되는 현상
산패-지방의 산화 등에 의해 악취 및 변색이 일어나는 현상
발효-식품에 미생물이 번식하여 식품의 성질이 변화를 일으키는 현상

12 **떡이나 밥 등이 미생물의 분해 작용으로 변질되는 현상은?**

① 부패 ② 변패
③ 산패 ④ 변질

정답 ②
해설 변패-단백질 이외의 탄수화물(떡, 밥, 빵, 과자류) 등이 미생물의 분해 작용에 의해 변질되는 현상

13 **지방이 분해되어 악취를 내는 것으로 발생하는 식품의 변화는?**

① 산패 ② 부패
③ 발효 ④ 변패

정답 ①
해설 산패-지방은 공기, 일광, 습기, 효소, 세균 등에 의하여 악취 및 변색이 일어나는 현상

14 **식중독에 관한 설명으로 옳지 않은 것은?**

① 발열, 구역질, 구토, 설사, 복통 등의 증세가 나타난다.
② 자연독이나 유해물질이 함유된 음식물을 섭취함으로써 생긴다.
③ 대표적인 식중독으로 콜레라, 세균성이질, 장티푸스 등이 있다.
④ 세균, 곰팡이, 화학물질 등이 원인물질이다.

정답 ③
해설 경구 감염병의 종류로는 세균성 이질, 장티푸스, 파라티푸스, 콜레라, 디프테리아 등이 있다.

15 **식품위생법에 의한 식중독에 해당하지 않는 것은?**

① 도시락을 먹고 세균성 장염에 걸린다.
② 금속조각에 의하여 이가 부러진다.
③ 아플라톡신에 중독된다.
④ 포도상구균 독소에 중독된다.

정답 ②
해설 식중독이란 식품의 섭취로 인하여 인체에 유해한 미생물 또는 유독물질에 의하여 발생하였거나 발생한 것으로 판단되는 감염성 또는 독소형 질환을 말한다.

16 **황변미 중독은 14~15% 이상의 수분을 함유하는 저장미에서 발생하기 쉬운데 그 원인 미생물은?**

① 효모 ② 바이러스
③ 곰팡이 ④ 세균

정답 ③
해설 황변미는 쌀알 자체가 황색으로 변질된 것으로 쌀 곰팡이(페니실륨속)에 의해 독소가 생성되며, 종류에 따라 간이나 신장 장애, 빈혈 등을 일으킨다.

17 **곰팡이 독소(Mycotoxin)에 대한 설명으로 틀린 것은?**

① 온도 24~35℃, 수분 7% 이상의 환경조건에서는 발생하지 않는다.
② 곰팡이가 생산하는 2차 대사산물로 사람과 가축에 질병이나 이상 생리작용을 유발하는 물질이다.
③ 아플라톡신(aflatoxin)은 간암을 유발하는 곰팡이 독소이다.
④ 곡류, 견과류와 곰팡이가 번식하기 쉬운 식품에서 주로 발생한다.

정답 ①

해설 곰팡이류는 온난 다습한 환경을 좋아하며 최적온도 24~30℃ 정도이며, 습도 13% 이상 습하고 공기가 잘 통하지 않는 장소에서 서식하기 좋다.

18 **인분을 거름으로 사용한 채소를 날로 먹으면 감염되는 기생충은?**

① 원충병 ② 유충병
③ 십이지장충 ④ 동양모양선충

정답 ③

해설 십이지장충은 인분을 거름으로 쓴 채소를 날로 먹거나 인분이 몸에 닿으면 감염된다. 작은창자 윗부분에 기생하며 소장 윗부분에 붙어 피를 빨아먹는다.

19 **맥각 중독을 일으키는 원인물질은?**

① 오크라톡신(ochratoxin)
② 루브라톡신(rubratoxin)
③ 파툴린(patulin)
④ 에르고톡신(ergotoxin)

정답 ④

해설 에르고톡신(ergotoxin): 맥각독(보리), 호밀, 귀리 독성분
루브라톡신(rubratoxin): 마이코톡신(간장독) 독성분
오크라톡신(ochratoxin): 옥수수, 땅콩, 얇게 깍은 가다랭이 독성분
파툴린(patulin): 썩은 사과(주스), 무화과 독성분

20 **세균성 식중독의 일반적인 특성은?**

① 잠복기가 짧다.
② 소량의 균으로도 발병한다.
③ 감염환(infection cycle)이 성립한다.
④ 2차 발병률이 매우 높다.

정답 ①

해설 세균성 식중독은 다량의 균의 수나 독소량이 많을 때 발병하게 된다. 잠복기와 경과가 짧고 면역성과 2차 감염이 거의 없다.

21 **다음 중 항히스타민제 복용으로 치료되는 식중독은?**

① 알레르기성 식중독
② 살모넬라 식중독
③ 장염 비브리오 식중독
④ 병원성 대장균 식중독

정답 ①

해설 항히스타민제들은 감기로 인한 증상과 꽃가루로 인한 가려움, 콧물, 재채기 등 다양한 알레르기 증상을 완화하고 예방하기 위한 약물이다.

22 **황색포도상구균 식중독에 대한 설명으로 옳지 않은 것은?**

① 황색포도상 구균이 생산한 장독소(Enterotoxin)는 100℃에서 30분간 가열하면 파괴된다.
② 잠복기는 1~5시간 정도이다.
③ 장독소(Enterotoxin)에 의한 독소형이다.
④ 주요 증상은 구토, 설사, 복통 등이다.

정답 ①

해설 황색의 색소를 생산하는 황색포도상구균이 식중독을 일으키는 원인 세균으로, 열에 비교적 강하지만 80℃에서 30분간 가열하면 죽지만 황색포도상구균이 생산한 장독소(Enterotoxin)는 100℃에서 30분간 가열해도 파괴되지 않는다. 이 독소는 매우 강해 감염형 식중독과 달리 열처리한 식품을 섭취할 경우에도 식중독을 일으킬 수 있다.

23 **일반 가열 조리법으로 예방하기 가장 어려운 식중독은?**

① 웰치균에 의한 식중독
② 살모넬라에 의한 식중독
③ 병원성 대장균에 의한 식중독
④ 포도상구균에 의한 식중독

정답 ④

해설 포도상구균의 식중독은 식품 중에서 엔테로톡신을 생산하는 균주에 의해서 일어나는 독소형 식중독으로 열에 매우 강하여 예방이 어렵고 균이 사멸되어도 독소가 남아 있어 식중독을 일으킬 수 있다.

24 **다음 중 일반적으로 사망률이 가장 높은 식중독은?**

① 장염 비브리오 식중독
② 살모넬라 식중독
③ 포도상구균 식중독
④ 클로스트리디움 보툴리눔

정답 ④

해설 보툴리눔 독소는 클로스트리디움 보툴리눔이란 혐기성 박테리아에서 분비되는 독소로 모두 7개(A~G)의 종류가 있으며, A형과 E형은 주로 식중독과 관련이 있다.

25 **웰치균에 대한 설명으로 옳은 것은?**

① 혐기성 균주이다.
② 아포는 60℃에서 10분 가열하면 사멸한다.
③ 당질식품에서 주로 발생한다.
④ 냉장온도에서 잘 발육한다.

정답 ①

해설 웰치균은 포자(胞子)를 지니며, 편모는 없다. 산소가 없는 환경에서만 증식하는 혐기성 세균이지만, 그 혐기도는 다소 약하다. 웰치균은 상온에서 크게 증식하기 때문에 조리 전에 냉동보관이나 냉장보관을 저온 살균법과 같은 방식으로 보관하면 식중독 예방에 효과적이다.

26 **노로바이러스 식중독의 예방 및 확산방지 방법으로 옳지 않은 것은?**

① 항바이러스 백신을 접종한다.
② 오염지역에서 채취한 어패류는 85℃에서 1분 이상 가열하여 섭취한다.
③ 가열 조리한 음식물은 맨손으로 만지지 않도록 한다.
④ 오염이 의심되는 지하수의 사용을 자제한다.

정답 ②

해설 노로바이러스에 감염되면 1~2일 안에 구토, 설사, 복통, 오한, 발열 등의 증상 나타내고, 대부분 2~3일 지나면 특별한 치료 없이 회복된다. 노로바이러스에 항바이러스제는 아직 없지만, 증상 완화를 도와주는 약물은 처방할 수 있다.

27 **엔테로톡신에 대한 설명으로 옳은 것은?**

① 100℃에서 10분간 가열하면 파괴된다.
② 해조류 식품에 많이 들어있다.
③ 잠복기는 2~5일이다.
④ 황색포도상구균이 생성한다.

정답 ④

해설 포도상구균의 엔테로톡신은 내열성이 강해 100℃에서 30분간 가열해도 파괴되지 않으며, 우유 및 유제품, 도시락, 떡 등이 원인식품이다. 잠복기가 가장 짧다. (평균 3시간 정도)

28 **감염형 식중독의 원인균이 아닌 것은?**

① 장염 비브리오균
② 살모넬라균
③ 포도상구균
④ 병원성 대장균

정답 ③

해설 독소형 식중독: 포도상구균, 보툴리누스균, 웰치균 등
감염형 식중독: 장염 비브리오균, 살모넬라균, 병원성 대장균, 캠필로박터, 리스테리아, 여시니아 등

29 **음식을 먹기 전에 가열하여도 식중독 예방이 가장 어려운 균은?**

① 장염 비브리오균 ② 병원성 대장균
③ 포도상구균 ④ 살모넬라균

정답 ③

해설 포도상구균의 엔테로톡신은 내열성이 강해 100℃에서 30분간 가열해도 파괴되지 않아 예방이 어려운 식중독이다.

30 **경구 감염병과 세균성 식중독의 주요 차이점에 대한 설명으로 옳은 것은?**

① 세균성 중독은 2차 감염이 많고, 경구 감염병은 거의 없다.
② 경구 감염병은 다량의 균으로, 세균성 식중독은 소량의 균으로 발병한다.
③ 세균성 식중독은 잠복기가 짧고, 경구 감염병은 일반적으로 길다.
④ 경구 감염병은 면역성이 없고, 세균성 식중독은 있는 경우가 많다.

정답 ③

해설 세균성 식중독 유발하는 대표적인 세균으로는 포도상구균, 이질균, 장염 비브리오, 콜레라, 살모넬라균 등이 있고, 살모넬라 외는 2차 감염은 없고, 잠복기가 짧고 면역성은 없다.

31 **혐기성균으로 열과 소독약에 저항성이 강한 아포를 생산하는 독소형 식중독은?**

① 클로스트리디움 보툴리늄균
② 장염 비브리오균
③ 포도상구균
④ 살모넬라균

정답 ①

해설 클로스트리디움 보툴리늄균은 열에 강하고 편성혐기성균으로 포자가 독소를 생성할 수 있어 독소형 식중독이다.

32 **독소형 세균성 식중독으로 짝지어진 것은?**

① 리스테리아 식중독, 복어독 식중독
② 살모넬라 식중독, 장염 비브리오 식중독
③ 맥각독 식중독, 콜리균 식중독
④ 포도상구균 식중독, 클로스트리디움 보툴리늄균 식중독

정답 ④

해설 포도상구균, 클로스트리움 보툴리누스균, 웰치균은 독소형 식중독이다.

33 **식품취급자의 화농성 질환에 의해 감염되는 식중독은?**

① 황색포도상구균 식중독
② 살모넬라 식중독
③ 병원성 대장균 식중독
④ 장염 비브리오 식중독

정답 ①
해설 황색포도상구균은 화농 부위에서 처음 발견되어 화농성 질환의 원인균으로 손이나 신체의 화농이 있으면 식품의 조리를 금지해야 한다.

34 **세균성 식중독에 속하지 않는 것은?**

① 비브리오 식중독
② 노로바이러스 식중독
③ 장구균 식중독
④ 병원성 대장균 식중독

정답 ②
해설 노로바이러스 식중독은 비세균성 급성위장염을 일으키는 바이러스의 한 종류이다.

35 **다음 중 잠복기가 가장 짧은 식중독은?**

① 살모넬라균 식중독
② 황색포도상구균 식중독
③ 장구균 식중독
④ 장염 비브리오 식중독

정답 ②
해설 황색포도상구균은 독소에 의한 식중독으로 다른 식중독에 비해 잠복기가 가장 짧고, 평균 3시간 후 증상이 나타난다. 병원성 대장균 식중독의 잠복기는 대략 1~8일 정도로 잠복기가 가장 길다.

36 **식물성 자연독 성분이 아닌 것은?**

① 테트로도톡신(Tetrodotoxin)
② 무스카린(Muscarine)
③ 고시폴(Gossypol)
④ 솔라닌(Solanine)

정답 ①
해설 복어의 독으로 알려진 테트로도톡신(Tetrodotoxin)은 주로 난소와 간장에 많이 존재하며, 동물성 자연독 성분이다.

37 **쌀에 기생하여 황변미 중독을 일으키는 원인 곰팡이는?**

① 아트로핀 ② 테물린
③ 에르고톡신 ④ 페니실륨

정답 ④
해설 페니실륨 푸른곰팡이는 저장 중인 쌀에 번식하여 시트리닌(신장독), 시트레오비리딘(신경독), 아이슬란디톡신(간장독)을 일으킨다.

38 **8~9월에 3~4%의 식염 농도에서 집중적으로 발생하는 식중독은 무엇인가?**

① 장염 비브리오 식중독
② 살모넬라 식중독
③ 웰치균 식중독
④ 황색포도상구균 중독

정답 ①
해설 식중독균의 일종인 장염 비브리오균은 해수에서 생존하는 호염균으로 20~37℃의 온도에 적합한 하절기에 생어패류 섭취로 식중독이 발생한다.

39 **미생물 증식에 필요한 조건이 아닌 것은?**

① 기압 ② 영양소
③ 온도 ④ 수분

정답 ①
해설 영양소, 온도, 수분, pH, 산소 등은 미생물 증식에 필요한 조건이다.

40 **베로독소를 생성하여 설사, 혈변을 일으키고, 용혈 요독 증후군을 유발하는 대장균은?**

① 장관독소원성 대장균
② 장관침습성 대장균
③ 장관출혈성 대장균
④ 장관병원성 대장균

정답 ③
해설 장관출혈성 대장균은 병원성 대장균의 일종으로 치사율이 유아 10%, 노인 50%에 이르는 것으로 알려져 있다. 설사, 혈변, 복통 등을 일으키고, 요독증, 빈혈, 신장병 등으로 악화할 수 있다. 오염된 식품, 특히 갈아 만든 쇠고기나 우유에 의해 경구 감염이 일어난다.

예상문제

01 위해(Hazard)란 무엇인가?

① 건강장해를 일으킬 우려가 있는 화학적 특성 및 인자
② 심미적으로 악영향을 미칠 우려가 있는 인자
③ 건강장해를 일으킬 우려가 있는 생물학적 · 화학적 · 물리적 성분 또는 인자
④ 건강장해를 일으킬 우려가 있는 생물학적 특성 또는 인자

정답 ③

해설 HACCP 인증에서 위해요소는 크게 화학적 요소, 생물학적 요소, 물리적 요소 3가지 위해요소를 분석하는 것이다.
- 화학적 요소: 잔류농약, 중금속, 알레르기 유발 물질, 세제, 소독제 등
- 생물학적 요소: 대장균, 장구균, 일반 세균 등
- 물리적 요소: 금속물질, 플라스틱, 머리카락 등

02 중요관리점(CCP)에 대한 설명으로 옳은 것은?

① 위해를 사전에 예방하거나 제어할 수 있는 포인트
② 위해를 사전에 증명하는 방법이나 도구
③ 위해에 대한 개선조치를 설정하는 포인트
④ 위해의 중증도 및 위험도를 평가하는 포인트

정답 ①

해설 CCP은 Crtical Control Point의 약자로 중요관리점을 뜻한다.
중요관리점이란, 위해요소 분석 시에 파악된 위해요소를 예방, 제거 또는 허용 가능한 수준까지 감소시킬 수 있는 최종 단계 또는 공정을 말한다.

03 미생물 위해(hazard)에 해당하는 것은?

① 유리조각　　② 병원성 세균
③ 술　　④ 청산가스

정답 ②

해설 원료, 공정상에서 발생 가능한 병원성 미생물(대장균군, 대장균, 장구균, 일반 세균 등)

04 **다음 중 HACCP을 수행하는 단계에서 가장 먼저 실시해야 하는 것은?**

① 관리기준의 설정
② 중점관리점 규명
③ 기록유지 방법의 설정
④ 식품의 위해요소를 분석

정답 ④
해설 HACCP 수행 단계에서 잠재적 위해요소를 분석하는 것이 우선순위이다.

05 **식품안전관리인증기준(HACCP)의 7원칙이 아닌 것은?**

① 위해분석 수행
② 우수 제조기준
③ 개선조치 설정
④ CCP 결정

정답 ②
해설 HACCP 7원칙
1원칙: 위해요소 분석
2원칙: 중요관리점(CCP) 결정
3원칙: 중요관리점(CCP) 한계기준 결정
4원칙: 한계기준 모니터링 체계 확립
5원칙: 개선조치방법 수립
6원칙: 검증절차 및 방법수립
7원칙: 문서화 및 기록유지

06 **HACCP의 적용 순서도가 맞는 것은?**

① 사용자 용도 확인→HACCP 팀 구성→공정 흐름도 작성→공정 흐름도 현장 확인→제품설명서 작성
② HACCP 팀 구성→제품설명서 작성→사용자 용도 확인→공정 흐름도 현장 확인→공정 흐름도 작성
③ HACCP 팀 구성→제품설명서 작성→사용자 용도 확인→공정 흐름도 작성→사용자 용도 확인
④ HACCP 팀 구성→제품설명서 작성→사용 용도 확인→공정 흐름도 작성→공정 흐름도 현장 확인

정답 ④
해설 HACCP 적용 순서도: HACCP 팀 구성→제품설명서 작성→사용 용도 확인→공정 흐름도 작성→공정 흐름도 현장 확인→모든 잠재적 위해요소 분석→중요관리점(CCP) 결정→중요관리점의 한계기준 설정→중요관리점별 모니터링 체계 확립→개선 조치방법 수립 →검증절차 및 방법 수립→문서화 및 기록 유지방법 설정

07 **HACCP를 설명한 것으로 가장 알맞은 것은?**

① 식품영업에서 고객의 불평요인을 알아내어 개선책을 마련하고자 이루어지는 일종의 감시체계이다.
② 식품의 안전성을 확보하기 위하여 특정 위해요소를 알아내고 이들을 방지 및 관리하기 위한 것이다.

정답 ②
해설 사전 예방적 식품안전관리 제도로서의 식품안전관리인증기준은 위해요소 분석(Hazard Analysis: HA)과 중요 관리점(Critical Control Point: CCP)으로 구분된다. 또한, 7원칙을 포함한 12절차에 따라야 한다.

③ 식품의 생산에서 연속적으로 해당 공정의 관리상태를 모니터링하는 것이다.

④ 식품의 원재료와 부재료의 조성에 관한 목록이다.

08 **소비자의 건강장해를 일으킬 우려가 있어 허용될 수 없는 생물학적·화학적·물리적 성분 또는 인자를 가리키는 것은?**

① 중요관리점　② 위해

③ 검증　④ 위험도

정답 ②

해설 위해(Hazard):소비자의 건강장해를 일으키는 위해요소는 화학적, 생물학적, 물리적 요소이다.

09 **HACCP 관련 용어가 아닌 것은?**

① 회수명령의 기준 설정

② 중요한계점(CCP)

③ 위해 분석(HA)

④ 한계 기준(CL)

정답 ①

해설 HACCP 관련 용어
HACCP 위해요소중점 관리기준, Hazard 위해요소, Hazard Analysis 위해요소분석, Critical Control Point(CCP) 중요관리점, Critical Limit(CL) 한계 기준, Monitoring 모니터링 감시, Corrective Action 개선조치, Verification 검증, Documentation & Record Keeping 문서화 및 기록유지, HACCP plan 관리계획 등이 있다.

10 **HACCP 인증 단체급식소(집단급식소, 식품접객업소, 도시락류 포함)에서 조리한 식품은 소독된 보존식 전용 용기 또는 멸균 비닐봉지에 매회 1인분 분량을 담아 몇 ℃ 이하에서 얼마 이상의 시간 동안 보관하여야 하는가?**

① 0℃ 이하, 100시간

② 4℃ 이하, 48시간

③ −18℃ 이하, 144시간

④ −10℃ 이하, 200시간

정답 ③

해설 보존식 냉동고에서는 전용 용기 및 멸균 비닐봉지에 매회 1인 분량(150g 이상)을 −18℃ 이하에서 144시간 (6일) 이상 냉동 보관하여야 한다.

예상문제

7회

01 기름 성분이 하수구로 들어가는 것을 방지하기 위한 하수관의 형태는?

① 드럼　　② 그리스 트랩
③ S 트랩　　④ P 트랩

정답 ②

해설 그리스 트랩(grease trap)은 상업용 주방에서 발생하는 폐수에서 찌꺼기, 지방, 기름 등을 분리하여 하수 시스템이 원활하게 유지되도록 설계된 배관 장치이다.

02 주방의 바닥조건으로 맞는 것은?

① 바닥 전체의 물매는 1/20이 적당하다.
② 산이나 알칼리에 약하고 습기, 열에 강해야 한다.
③ 고무타일, 합성수지타일 등이 잘 미끄러지지 않으므로 적합하다.
④ 조리작업을 드라이 시스템화할 경우의 물매는 1/100 정도가 적당하다.

정답 ③

해설 주방은 물과 기름이 필수적으로 사용되는 곳이므로 바닥 전도사고의 위험이 있어 평평한 바닥에 고무타일, 합성수지타일 등 잘 미끄러지지 않는 자재를 사용하여 시공한다.

03 조명이 불충분할 때는 시력저하, 눈의 피로를 일으키고 지나치게 강렬할 때는 어두운 곳에서 암순응 능력을 저하시키는 태양광선은?

① 적외선　　② 가시광선
③ 전자파　　④ 자외선

정답 ②

해설 가시광선: 사람의 눈으로 볼 수 있는 빛을 가시광선이라고 한다. 보통 가시광선의 파장 범위는 380~800나노미터(nm)이다. 등적색, 등색, 황색, 녹색, 청색, 남색, 자색 일곱 가지가 있다.

04 **열작용을 갖는 특징이 있어 일명 열선이라고도 하는 복사선은?**

① 적외선 ② x-선
③ 자외선 ④ 가시광선

(정답) ①
해설 눈에는 보이지 않으나 적색보다도 파장(波長)이 긴 전자파로서 적색 밖에 있는 것을 적외선이라고 한다. 적외선은 열선(熱線)이라고 불릴 만큼 열적 작용(熱的作用)이 강하며, 적외선에 오랫동안 노출되면 일사병이 발생하고 피부 화상, 백내장, 홍반 등이 생길 수 있다.

05 **소음에 있어서 음의 크기를 측정하는 단위는?**

① 실(SIL) ② 주파수(Hz)
③ 데시벨(dB) ④ 케톤

(정답) ③
해설 소리의 세기를 나타내는 단위로 데시벨(dB: Decibels) 기호를 사용한다.

06 **응급조치의 목적이 아닌 것은?**

① 건강이 위독한 환자에게 전문적인 의료 처치에 앞서 긴급히 실시되는 조치이다.
② 다친 사람이나 급성 질환자에게 사고현장에서 즉시 취하는 조치이다.
③ 119 신고부터 부상이나 질병을 의학적으로 처치하여 회복될 수 있도록 도와주는 행위이다.
④ 생명을 유지시키고 더 이상의 상태 악화를 방지 또는 지연시키는 것이다.

(정답) ③
해설 전문적인 치료를 받도록 119에 연락하는 것부터 부상이나 질병을 의학적 처치 없이도 회복상태에 이르도록 하는 것을 포함한다.

07 **안전관리의 중요성과 가장 거리가 먼 것은?**

① 인간 존중이라는 인도적 신념의 실현
② 작업환경 개선을 통한 투자비용 확대
③ 재해로부터 인적, 물적 손실 예방
④ 경영 경제상 제품의 품질 향상 및 생산성 향상

(정답) ②
해설 안전관리는 생산성의 향상 및 재산 손실의 최소화를 위하여 행하는 것으로 능률적 요소인 안전사고가 발생하지 않도록 유지하는 활동, 즉 재해로부터 인간의 생명과 재산을 보존하기 위한 계획적이고 체계적인 제반 활동을 산업 안전관리(safety management)라 한다.

08 **조리장 작업환경으로 적절하지 않은 것은?**

① 조리장 조명은 150룩스를 유지한다.

(정답) ①
해설 조리장 조명은 220룩스(lx) 이상, 검수구역은 540룩스(lx) 이상 되도록 한다.

② 조리장 안에는 조리시설, 세척시설, 폐기물 용기 및 세면시설을 각각 설치하여야 한다.
③ 폐기물 용기는 내수성 재질로 된 것이어야 한다.
④ 조리장 바닥에 배수구가 있는 경우에는 덮개를 설치하여야 한다.

09 작업자가 개인 안전관리를 위하여 안전관리 점검표에 따라 매일 점검하고 기록·관리해야 하는 사항이 아닌 것은?

① 개선조치사항
② 근무시간
③ 점검일자
④ 제조공정별 개인 안전관리상태

정답 ②

해설 점검일자, 제조공정별 개인 안전관리 상태, 개선조치 사항, 점검자 및 승인자, 특이사항 등은 안전관리점검표에 기록하고 관리해야 할 사항이다.

10 화상 발생 시 응급처치 요령으로 올바르지 못한 것은?

① 화상을 당한 부위에 응급처치로 감자나 된장을 바른다.
② 약품에 의한 화상은 약품이 피부에 침투하기 전에 수돗물로 20분 이상 씻어 흐르게 한다.
③ 가까이에 물이 없거나 병원으로 이송할 경우에는 깨끗한 냉수를 적신 수건을 15분 이상 대준다.
④ 긴급히 의사의 치료를 받을 수 없는 경우에는 소독약으로 상처 부위 및 그 주위를 소독한다.

정답 ①

해설 화상 부위에 직접적으로 얼음찜질, 된장, 소주, 치약, 오이, 감자 등을 바르는 민간요법은 증상을 악화시키고 각종 세균들로 인해 화상 부위의 감염을 초래할 수 있다.

11 안전사고 발생 시 응급조치로 맞지 않는 것은?

① 현장의 응급상황을 전문 의료기관에 알린다.
② 현장의 안전 사태와 위험요소를 파악한다.
③ 구조자 자신의 안전보다는 동료의 구조가 중요하다.
④ 응급환자를 처치할 때 원칙적으로 의약품을 사용하지 않는다.

정답 ③

해설 안전사고 발생 시 동료들의 구조도 중요하지만 먼저 자신의 안전이 우선이다.

12 **소화기 보관법이 잘못된 것은?**

① 습기가 많은 곳은 피한다.
② 직사광선, 온도가 높은 곳은 피한다.
③ 소화기 내부의 약제가 굳어지지 않게 한 달에 한 번 정도 뒤집어서 흔들어준다.
④ 소화기는 사람이 많이 있는 곳에는 위험하므로 창고에 안전하게 보관한다.

정답 ④

해설 소화 기구는 손쉽게 사용할 수 있는 장소에 바닥으로부터 높이 1.5미터 이하의 곳에 비치하고, 소화기구의 종류를 표시한 표지를 보기 쉬운 곳에 부착하여야 한다.

13 **재해에 대한 설명으로 틀린 것은?**

① 작업의 환경이나 조건으로 인해 자신만 상처를 입었을 때를 말한다.
② 구성요소의 연쇄반응 현상이다.
③ 중 · 소규모의 사업장에 재해관리를 전담할 수 있는 안전 관리자를 선임할 수 있는 법적 근거가 없다.
④ 불안전한 행동과 기술에 의해 발생한다.

정답 ①

해설 작업에 환경이나 조건으로 인한 재해는 자신뿐만 아니라 타인에게도 상처를 입히는 것을 말한다.

14 **위험도 경감의 원칙에서 핵심 요소로 옳지 않은 것은?**

① 위험 발생 경감 ② 사고피해 경감
③ 위험요인 제거 ④ 재발 경감

정답 ④

해설 위험도 경감 전략의 핵심은 위험요인 제거, 위험 발생 경감, 사고피해 경감의 요소들을 고려해야 한다.

15 **안전 교육의 목적으로 옳지 않은 것은?**

① 일상생활에서 개인 및 집단의 안전에 필요한 지식, 기능, 태도 등을 이해시킨다.
② 개인 위주의 안전성을 최고로 발달시키는 교육이다.
③ 인간 생명의 존엄성에 대해 인식시킨다.
④ 안전한 생활을 위한 습관을 형성시킨다.

정답 ②

해설 안전교육은 작업 중 발생할 수 있는 안전사고를 방지하여 개인과 집단의 안전사고를 예방하기 위한 교육이다.

예상문제

01 **식품위생법상 허위표시, 과대광고의 범위에 해당하지 않는 것은?**

① 질병 치료에 효능이 있다는 내용의 표시, 광고
② 국내산을 주된 원료로 하여 제조, 가공한 메주, 된장, 고추장에 대하여 식품영양학적으로 공인된 사실이라고 식품의약품안전처장이 인정한 내용의 표시, 광고
③ 화학적 합성품의 경우 그 원료의 명칭 등을 사용하여 화학적 합성품이 아닌 것으로 혼동할 우려가 있는 광고
④ 외국과 기술 제휴한 것으로 혼동할 우려가 있는 내용의 표시, 광고

정답 ②
해설 식품의약품안전처장이 인정한 내용이나 공인된 식품학적 영양성분 표시 등은 허위표시, 과대광고의 해당 사항이 아니다.

02 **식품 등의 표시 기준에 의해 표시해야 하는 대상 성분이 아닌 것은? (단, 강조 표시하고자 하는 영양성분은 제외)**

① 열량 ② 칼슘
③ 나트륨 ④ 지방

정답 ②
해설 영양표시 대상 식품의 영양성분은 탄수화물, 단백질, 열량, 당류, 지방(포화지방, 트랜스지방), 콜레스테롤, 나트륨으로 구분되며, 이를 평균적인 1일 영양성분 기준치에 대한 비율(%)로 표시해야 한다.

03 **식품 등을 판매하거나 판매할 목적으로 취급할 수 있는 것은?**

① 포장에 표시된 내용량에 비하여 중량이 부족한 식품

정답 ①
해설 포장된 식품의 표시된 내용량에 비해 중량이 부족한 식품은 판매할 수 없다.

② 병을 일으키는 미생물에 오염되었거나 그 염려가 있어 인체의 건강을 해칠 우려가 있는 식품
③ 썩거나 상하거나 설익어서 인체의 건강을 해칠 우려가 있는 식품
④ 영업의 신고를 하여야 하는 경우에 신고하지 아니한 자가 제조한 식품

04 식품 등의 표시기준상 영양성분에 대한 설명으로 틀린 것은?

① 영양성분 함량은 식물의 씨앗, 동물의 뼈와 같은 비가식 부위도 포함하여 산출한다.
② 한 번에 먹을 수 있도록 포장 판매되는 제품은 총 내용량을 1회 제공량으로 한다.
③ 탄수화물에는 당류를 구분하여 표시하여야 한다.
④ 열량의 단위는 킬로칼로리(kcal)로 표시한다.

정답 ①
해설 영양성분의 함량은 비가식 부위를 제외한 가식 부위에 대해서만 산출하여야 한다.

05 식품 공전을 작성하는 자는?

① 국립검역소장
② 보건환경연구원장
③ 농림축산식품부장관
④ 식품의약품안전처장

정답 ④
해설 식품의약품안전처장은 식품 공전을 작성하여 보급해야 한다.

06 식품접객업소의 조리 판매 등에 대한 기준 및 규격에 의한 조리용 칼/도마, 식기류의 미생물 규격은? (단, 사용 중인 것은 제외한다)

① 살모넬라 음성, 대장균 음성
② 살모넬라 음성, 대장균 양성
③ 황색포도상구균 음성, 대장균 양성
④ 황색포도상구균 양성, 대장균 음성

정답 ①
해설 황색포도상구균, 살모넬라, 대장균은 음성이어야 한다.

07 식품 공전상 표준온도라 함은 몇 ℃인가?

① 15℃　　② 20℃
③ 5℃　　④ 10℃

정답 ②
해설 식품 공전상 표준온도는 20℃, 상온은 15~25℃, 실온은 1~35℃, 미온은 30~40℃이다.

08 다음 중 무상 수거대상 식품에 해당하지 않는 것은?

① 유통 중인 부정 · 불량식품 등을 수거할 때
② 출입검사의 규정에 의하여 검사에 필요한 식품 등을 수거할 때
③ 수입식품 등을 검사할 목적으로 수거할 때
④ 도 · 소매 업소에서 판매하는 식품 등을 시험 검사용으로 수거할 때

정답 ④
해설 도·소매 업소에서 판매하는 식품 등을 시험검사용으로 무상으로 수거할 수 없고, 유상으로 수거할 수 있다.

09 식품위생법령상 위해 평가대상이 아닌 것은?

① 잘못된 식습관으로 건강을 해할 우려가 있는 식품 등
② 국내 · 외 연구 · 검사기관에서 인체의 건강을 해할 우려가 있는 원료 또는 성분 등을 검출한 식품 등
③ 새로운 원료 · 성분 또는 기술을 사용하여 생산 · 제조 · 조합되거나 안정성에 대한 기준 및 규격이 정하여지지 아니하여 인체의 건강을 해할 우려가 있는 식품 등
④ 국제식품규격위원회 등 국제기구 또는 외국의 정부가 인체의 건강을 해할 우려가 있다고 인정하여 판매 등을 금지하거나 제한된 식품 등

정답 ①
해설 식품위생법령상 잘못된 식습관으로 건강상 우려가 있는 식품은 위해 평가대상에서 제외한다.

10 식품 위생감시원의 직무가 아닌 것은?

① 수입 · 판매 또는 사용 등이 금지된 식품 등의 취급 여부에 관한 단속
② 식품 등의 위생적 취급기준의 이행지도
③ 식품 등의 기준 및 규격에 관한 사항작성

정답 ③
해설 식품위생심의위원회의 직무는 식품 등의 기준 및 규격에 관한 작성 업무이다.

④ 시설기준의 적합 여부의 확인 · 검사

11 **자가품질검사와 관련된 내용으로 틀린 것은?**

① 직접 검사하기 부적합한 경우는 자가품질 위탁검사기관에 위탁하여 검사할 수 있다.
② 영업자가 다른 영업자에게 식품 등을 제조하게 하는 경우에는 직접 그 식품 등을 제조하는 자가검사를 실시할 수 있다.
③ 자가품질검사 주기의 적용시점은 제품의 유통기한 만료일을 기준으로 산정한다.
④ 자가품질검사에 관한 기록서는 2년간 보관하여야 한다.

정답 ③

해설 식품의 제조연월일을 기준으로 하여 자가품질검사의 주기를 결정한다.

12 **식품 위생 법규상 수입식품의 검사결과 부적합한 식품에 대해서 수입 신고인이 취해야 하는 조치가 아닌 것은?**

① 식품의약품안전처장이 정하는 경미한 위반사항이 있는 경우 보완하여 재수입 신고
② 수출국으로의 반송
③ 다른 나라로의 반출
④ 관할 보건소에서 재검사 실시

정답 ④

해설 부적합한 수입 식품은 다시 수출국으로 반송 및 반출할 수 있으며, 경미한 위반사항은 수정 보완하여 재수입 신고 등을 할 수 있다.

13 **수출을 목적으로 하는 식품 또는 식품첨가물의 기준과 규격은 식품위생법의 규정 외에 어떤 기준과 규격을 적용할 수 있는가?**

① 국립검역소장이 정하여 고시한 기준과 규격
② 수입자가 요구하는 기준과 규격
③ 산업통상자원부 장관의 별도 허가를 득한 기준과 규격
④ FDA의 기준과 규격

정답 ②

해설 식품첨가물 및 수출할 식품은 식품위생법의 규정이 정해져 있지만, 수입자가 요구하는 사항과 기준 및 규격을 따를 수 있다.

14 **식품위생법상 출입·검사·수거에 대한 설명 중 옳지 않은 것은?**

① 관계 공무원은 영업상 사용하는 식품 등의 검사를 위하여 필요한 최소량이라 하더라도 무상으로 수거할 수 없다.
② 관계 공무원은 영업소에 출입하여 영업에 사용하는 식품 또는 영업시설 등에 대하여 검사를 실시한다.
③ 출입 · 검사 · 수거 또는 열람하려는 공무원은 그 권한을 표시하는 증표를 지니고 이를 관계인에 내보여야 한다.
④ 관계 공무원은 필요에 따라 영업에 관계되는 장부 또는 서류를 열람할 수 있다.

정답 ①
해설 식품위생법상 허용된 공무원 규정 범위 내에서 무상집행이 가능하다.

15 **식품위생법상 영업 중 '신고를 하여야 하는 변경 사항'에 해당하지 않는 것은?**

① 식품 자동판매기 영업을 하는 자가 같은 시 · 군 · 구에서 식품 자동판매기의 설치 대수를 증감하려는 경우
② 식품운반업을 하는 자가 냉장 · 냉동차량을 증감하려는 경우
③ 식품첨가물이나 다른 원료를 사용하지 아니한 농 · 임 · 수산물 단순가공품의 건조 방법을 달리하고자 하는 경우
④ 즉석판매 · 제조가공업을 하는 자가 즉석판매 제조 · 가공대상 식품 중 식품의 유형을 달리하여 새로운 식품을 제조 가공하려는 경우(단, 자가 품질검사 대상인 경우)

정답 ③
해설 농업, 임업, 수산물의 단순가공품의 건조 방법 및 다른 원료 또는 식품첨가물 사용하지 아니한 경우 해당하지 않는다.

16 식품 또는 식품첨가물의 완제품을 나누어 유통할 목적으로 재포장, 판매하는 영업은?

① 식품운반
② 식품제조 · 가공업
③ 즉석판매 · 제조 · 가공업
④ 식품 소분업

정답 ④
해설 식품 소분업은 총리령으로 정하는 식품 또는 식품첨가물의 완제품을 나누어 유통할 목적으로 재포장, 판매하는 영업이다.

17 식품위생법상 영업 신고를 하지 않는 업종은?

① 양곡관리법에 따른 양곡가공업 중 도정업
② 즉석판매제조 · 가공업
③ 식품소분, 판매업
④ 식품운반법

정답 ①
해설 양곡가공업 중 도정업은 신고하지 않아도 되는 업종이다.

18 영업의 종류 및 식품접객업이 아닌 것은?

① 음식류를 조리 · 판매하는 영업으로서 식사와 함께 부수적으로 음주행위가 허용되는 영업
② 보건복지부령이 정하는 식품을 제조 · 가공 업소 내에서 직접 최종소비자에게 판매하는 영업
③ 주로 주류를 판매하는 영업으로서 유흥종사자를 두거나 유흥시설을 설치할 수 있고 노래를 부르거나 춤을 추는 행위가 허용되는 영업
④ 집단급식소를 설치 · 운영하는 자와의 계약에 의하여 그 집단급식소 내에서 음식류를 조리하여 제공하는 영업

정답 ②
해설 식품위생법에서 식품접객업은 6가지 종류-일반음식점, 휴게음식점, 위탁급식, 유흥주점, 단란주점, 제과점 등이 있다.

19 **판매를 목적으로 식품을 제조·가공·소분·수입 또는 판매한 영업자의 해당 식품이 위해와 관련이 있는 규정을 위반하여 유통 중인 해당 식품을 회수하고자 할 때 회수계획을 보고해야 하는 대상이 아닌 것은?**

① 식품의약품안전처장
② 시 · 도지사
③ 시장 · 군수 · 구청장
④ 보건소장

정답 ④
해설 회수계획의 보고 영업자는 회수계획을 식품의약품안전처장, 시·도지사 또는 시장·군수·구청장에게 미리 보고해야 하며, 회수결과를 보고받은 시·도지사 또는 시장·군수·구청장은 이를 지체없이 식품의약품안전처장에게 보고해야 한다.

20 **식품위생법상 영업에 종사하지 못하는 질병의 종류가 아닌 것은?**

① 세균성 이질 ② 비감염성 결핵
③ 화농성 질환 ④ 장티푸스

정답 ②
해설 영업에 종사하지 못하는 질병은 콜레라, 장티푸스, 파라티푸스, 세균성 이질, 장출혈성 대장균감염증, A형간염, B형간염(비활동성 제외), 결핵, 피부병, 화농성 질환, 후천성 면역 결핍증 등이 있다. 제3군: 결핵(비감염성 제외)

21 **다음 중 영양사의 직무가 아닌 것은?**

① 검식 및 배식 관리
② 식단 작성
③ 구매 식품의 검수
④ 식품 등의 수거지원

정답 ④
해설 영양사의 직무 중 식품 수거 지원은 해당하지 않는다.

22 **아래는 식품위생법상 교육에 관한 내용이다. ( )안에 알맞은 것을 순서대로 나열하면?**

> (   )은 식품위생 수준 및 자질 향상을 위하여 필요한 경우 조리사와 영양사한테 교육받을 것을 명할 수 있다. 다만, 집단급식소에 종사하는 조리사와 영양사는 (   )마다 교육을 받아야 한다.

① 식품의약품안전처장, 2년

정답 ①
해설 식품의약품안전처장은 식품위생 수준 및 자질의 향상을 위하여 필요한 경우 조리사와 영양사에게 교육을 받을 것을 명할 수 있다. 다만, 집단급식소에 종사하는 조리사와 영양사는 2년마다 교육을 받아야 한다.

② 식품의약품안전처장, 1년
③ 보건복지부 장관, 2년
④ 보건복지부 장관, 1년

23 **식품위생법상 식품위생의 정의는?**

① 농산물, 기구 또는 용기 · 포장의 위생을 말한다.
② 음식과 의약품에 관한 위생을 말한다.
③ 식품, 식품첨가물, 기구 또는 용기 · 포장을 대상으로 하는 음식에 관한 위생을 말한다.
④ 식품 및 식품첨가물만을 대상으로 하는 위생을 말한다.

정답 ③
해설 한국의 식품위생법상의 정의: 식품과 식품에 사용되는 첨가물과 기구 및 용기와 포장을 포함하는 식품과 관련된 위생을 말한다.

24 **집단급식소란 영리를 목적으로 하지 않으면서 특정 다수인에게 계속하여 음식물을 공급하는 기숙사·학교·병원 그 밖의 후생기관 등의 급식 시설로서 1회 몇 명 이상한테 식사를 제공하는 급식소를 말하는가?**

① 60명 ② 50명
③ 40명 ④ 30명

정답 ②
해설 집단급식소는 학교, 병원, 산업체, 지방자치단체 등 1회 50명 이상에게 식사를 제공하는 급식소를 말한다.

25 **식품위생법상 조리사가 식중독이나 그 밖의 위생과 관련한 중대한 사고 발생의 직무상 책임에 대한 1차 위반 시 행정처분 기준은?**

① 업무정지 1개월 ② 시정명령
③ 면허취소 ④ 업무정지 2개월

정답 ①
해설 식중독 및 위생관련 사고 발생의 1차 위반 시 조리사의 행정처분은 1개월 업무정지이다.

예상문제

01 떡이 만들어진 시기로 추정되는 시기는?

① 통일신라시대　② 삼국시대 이전
③ 조선시대　④ 고려시대

정답 ②

해설 떡이 기원은 정확히 알 수는 없으나 삼국이 성립되기 이전인 부족국가 시대로 추정하고 있다. 이 시기에 떡의 주재료가 생산되었고 떡 제조의 필요한 갈판, 갈돌, 시루 등의 유물이 출토되었기 때문이다.

02 신라시대 백결선생이 가난하여 세모에 떡을 치지 못하자 거문고로 떡방아 소리를 내어 부인을 위로했다는 기록이 있는 고서는?

① 삼국유사　② 삼국사기
③ 영고탑기략　④ 정창원문서

정답 ②

해설 『삼국사기』에 섣달 그믐날 아내가 이웃집 떡방아 소리를 부러워하자, 떡방아 대신 아내에게 들려준 떡방아 소리인 〈대악(碓樂)〉이 있다.

03 유리와 탈해가 서로 왕위를 사양하다가 떡을 깨물어 잇자국이 많은 '유리왕'이 왕위를 계승했다는 이야기가 기록된 곳은?

① 규합총서　② 가락국기
③ 삼국사기　④ 지봉유설

정답 ③

해설 『삼국사기』「신라본기 제1」의 탈해이사금조에 유리와 탈해는 떡을 깨물어 잇금(이빨)의 수를 따져 왕위를 계승하기로 한다. 잇금이 많으면 나이가 많고 현명한 사람이라는 당시의 기준을 따른 것이다. 이 시합에서 유리는 잇금이 더 많은 탓에 신라의 3대 왕이 되었다는 기록이 있다.
* 잇금: 이로 물건을 물었을 때 생기는 자국

04 신라 21대 소지왕 때 임금의 생명을 구해준 까마귀의 은혜를 갚기 위해 만들었다는 음식은?

① 약식　② 오병
③ 율고　④ 약과

정답 ①

해설 신라 21대 소지왕(479~500)이 연못에서 나온 노인이 준 편지 덕분에 화를 면하였으므로 연못으로 인도한 까마귀에게 찰밥(약식)으로 제사 지내는 풍습이 생겼다고 한다.

05 쌀가루 경단은 꿀물에 실백을 띄운 것으로 『목은집』에서 "백설같이 흰 살결에 달고 신맛이 섞였더라"라고 설명한 이 떡의 이름은?

① 상화　　② 애고
③ 율고　　④ 수단

정답 ④
해설 수단은 멥쌀가루로 만든 흰떡을 작은 경단 모양으로 만들어서 녹말가루를 입힌 뒤, 끓는 물에 삶아 건져서 찬물에 헹구고 이를 꿀물에 띄워 먹는 음청류이다. 흰떡 수단이라고도 하며 물에 넣지 않는 것을 건단이라고 한다.

06 농업 기술과 조리가공법의 발달로 전반적인 식생활 문화가 향상됨에 따라 떡의 종류와 맛도 한층 다양해진 시기는?

① 조선시대　　② 고려시대
③ 일제 강점기　　④ 해방 후

정답 ①
해설 조선시대에는 농본정책을 근간으로 농경문화가 발달하였으며 절기와 관련된 세시풍속이 발전하였고, 떡은 통과의례와 세시풍속 시 없어서는 안 될 음식으로 발전되었다.

07 다음 중 시루가 처음 발견된 시기로 알맞은 것은?

① 신석기시대　　② 청동기시대
③ 통일신라시대　　④ 구석기시대

정답 ②
해설 청동기시대-시루가 처음 발견(나진초도 패총)

08 『음식방문』에서 "백미 정히 쓿어 떡가루로 가는 체에 쳐서 꿀물 진히 타서 버무리되 삶은 밤과 대추씨 발라 넣어 버무려 쓰라"고 한 떡은?

① 막우설기　　② 유고
③ 기단가오　　④ 남방감저병

정답 ①
해설 백설기 외 밤설기, 막우설기, 흰무리, 무리떡(설기떡)이라고 한다.

09 감설기에 밤, 귤병, 계핏가루, 잣, 꿀을 더해 만든 떡으로, 『규합총서』에서 맛이 차마 삼키기 아깝다고 말한 떡은?

① 석탄병　　② 두텁떡
③ 꿀 감설기　　④ 꿀편

정답 ①
해설 석탄병이란 이름의 유래는 떡이 차마 삼키기 아까울 정도로 맛이 있다고 해서 붙여진 것이다.

10 이수광의 『지봉유설』에 기록된 청애병(靑艾餠)이란?

① 모시떡 ② 가래떡
③ 쑥떡 ④ 상화병

정답 ③
해설 청애병: 쑥을 넣고 만든 떡

11 1815년 『규합총서(閨閤叢書)』에 소개된 떡 중 '기단가오'에 들어가는 주재료는 무엇인가?

① 마가루 ② 연잎가루
③ 감자가루 ④ 메조가루

정답 ④
해설 기단가오: 메조가루에 대추, 통팥을 섞어 찐 떡

12 다음 중 떡의 어원 변화가 맞는 것은?

① 떼기 – 떠기 – 찌기 – 떡
② 찌기 – 떼기 – 떠기 – 떡
③ 떼기 – 떠기 – 떨기 – 떡
④ 뗄기 – 떼기 – 떠기 – 떡

정답 ②
해설 떡의 어원은 옛말의 동사 찌다가 명사가 되어 찌기-떼기-떠기-떡으로 변화된 것으로 본디 찐 것이라는 뜻이다.

13 떡과 관련된 기록으로 옳지 않은 것은?

① 『삼국사기』 중 「신라본기」에는 유리와 탈해가 서로 왕위를 사양하다 떡을 깨물어 잇자국이 많으면 지혜롭고 성스럽다 하여 유리왕이 왕위를 계승했다는 기록이 있다.
② 『거가필용』, 『해동역사』에는 고려인이 율고를 잘 만든다고 기록되어 있다.
③ 『삼국사기』 중 「가락국기」에는 "세시마다 술, 감주, 떡, 밥, 과실, 차 등의 여러 가지를 갖추고 제사를 지냈다"라고 하였다. 이로써 제사 때 떡이 쓰였음을 알 수 있다.
④ 고구려 안악 3호분 고분벽화에는 한 아낙이 시루에 무언가를 찌고 그것을 젓가락으로 찔러보는 모습이 그려져 있다.

정답 ③
해설 「가락국기」는 『삼국유사』 기이편(紀異篇)에 기록되어 있다.

14 조선시대의 떡을 기록한 문헌이 아닌 것은?

① 도문대작　② 음식디미방
③ 주례　④ 규합총서

정답 ③
해설 『주례(周禮)』는 유가가 중시하는 경서이자 13경의 하나로 의례, 예기와 함께 삼례(三禮)의 하나로 한대(韓代) 이전의 문헌이다.

15 떡이 일반적으로 널리 보급되었던 시대는?

① 고려시대　② 청동기시대
③ 조선시대　④ 삼국시대

정답 ①
해설 『고려사』 열전 「최승로」 조에는 광종이 걸인에게 떡을 시주했다는 이야기가 나오며, 「신돈」 조에는 신돈이 부녀자에게 떡을 던져 주었다는 기록이 있어 고려시대에 떡이 널리 보급되었음을 알 수 있다.

16 떡은 삼국(三國)이 정립되기 전 상고시대에 만들어졌을 것이라는 추론으로 옳지 않은 것은?

① 신석기시대 유적지에서 원시적 도구인 갈돌이 발견되었다.
② 쌀, 피, 기장, 조, 수수 등을 생산하였으며, 그중에 많이 이용한 것은 쌀이다.
③ 출토된 유적으로 보아 곡물을 가루로 찐 시루떡을 해 먹었을 것이다.
④ 청동기시대의 유적지에서 시루가 출토되었다.

정답 ②
해설 삼국시대 이전 상고시대에 떡의 재료는 멥쌀(쌀)보다 보리, 귀리, 조, 수수, 기장 등의 잡곡을 떡의 재료로 많이 이용하였다.

17 『주례』에 나온 말로 현대의 인절미와 비슷한 떡은?

① 설병(雪餠)　② 석탄병(惜呑餠)
③ 구이분자(糗餌粉資)　④ 탕중뢰환(湯中牢丸)

정답 ③
해설 구이분자는 찹쌀이나 찹쌀가루를 시루에 찐 후 절구로 찧어 콩가루를 묻힌 것으로 현재의 인절미와 유사하다.

18 한글로 떡이라고 기록한 문헌의 이름은?

① 수운잡방　② 해동역사
③ 규합총서　④ 요록

정답 ③
해설 1800년대 빙허각 이씨의 『규합총서』에 떡이라고 기록되어 있다.

19 **고려 시대 속요에 등장하는 「쌍화점(雙花店)」과 관련이 있는 떡은?**

① 바람떡　　② 상화병
③ 인절미　　④ 증편

정답 ②

해설 상화병(霜花餠)은 '눈처럼 하얀 꽃'이라는 뜻으로 상애병, 상외병으로도 부른다. 고려시대 때 원나라에서 전해진 찐빵에서 유래된 떡으로 고려가요 〈쌍화점〉은 상화병을 팔던 만두 가게를 뜻한다.

20 **청동기시대에 떡을 해서 먹었음을 추측할 수 있는 유물은?**

① 디딜방아　　② 떡판
③ 질시루　　④ 떡메

정답 ③

해설 청동기시대의 유적지인 나진 초도 패총에서 질시루가 출토되었다.

21 **상고시대 유적지에서 발견된 유물이 아닌 것은?**

① 강판–곡물을 갈 때 쓰는 도구
② 갈돌–곡물의 껍질을 벗기고 가루를 내는 도구
③ 돌확(확돌)–곡물이나 부재료를 찧거나 가는 도구
④ 질시루–곡물을 가루 내어 찌는 도구

정답 ①

해설 강판은 과일이나, 무, 생강 등을 가는 조리도구이다.

22 **조선시대 떡 문화의 특징으로 적절하지 않은 것은?**

① 의례식의 발달로 떡은 고임상(큰상)의 중요한 위치를 차지하게 되었다.
② 조선시대의 떡은 제례 · 빈례 · 혼례 등의 각종 의례행사는 물론 대소연회 · 무속의례에도 사용되었다.
③ 궁중과 반가를 중심으로 발달한 떡은 종류와 맛이 한층 다양하고 고급화되었다.
④ 조선시대에는 최초로 개피떡이 문헌에 등장한다.

정답 ④

해설 얇은 껍질로 소를 싸서 만들었다고 갑피병(甲皮餠)이라고 하던 것이 가피병(加皮餠)을 거쳐 개피떡으로 명칭이 바뀌었다. 1800년대 말 『시의전서』에 개피떡이라고 하였고, 1924년 『조선무쌍신식요리제법』에는 가피병이라고 되어있다.

23 떡이 기록된 고조리서의 내용에 대한 설명으로 옳지 않은 것은?

① 1700년대 『수문사설』에는 도도증(시루밑)이라는 떡을 만드는 도구가 나온다.
② 1600년대 허균이 지은 『도문대작』은 식품서로는 가장 오래된 책이며 떡은 기록되어 있지 않다.
③ 1800년대 빙허각 이씨가 지은 한글판 가정 대백과 사전인 『규합총서』에는 떡 27종이 기록되어 있다.
④ 1900년대 장지연이 편찬한 『조선세시기』에는 각 나라에서 먹는 음식을 열두 달로 나누어 기록하고 있다.

(정답) ②
해설 조선시대 허균이 쓴 『도문대작(屠門大嚼), 1611』, 서울의 시식(時食)음식 사계절 편에 증편(蒸餠), 달떡(月餠), 삼병(蔘餠), 송기떡(松膏油), 밀병(蜜餠), 개피떡(舌餠), 자병(煮餠) 등이 기록되어 있다.

24 곡물 생산이 늘어나고 불교의 성행으로 '음다(飮茶)' 풍습이 유행하여 떡의 종류와 조리법이 매우 다양해진 시대는?

① 고려시대 ② 조선시대
③ 통일신라시대 ④ 삼국시대

(정답) ①
해설 고려시대 불교문화는 육식을 멀리하고, 특히 차를 즐기는 '음다(飮茶)' 풍속은 과정류와 함께 떡의 종류와 조리법이 발전하는 계기가 되었다.

25 양반들의 잔칫상에 오르던 웃기떡으로 크기가 다른 바람떡을 두 개 겹쳐서 만든 떡의 이름은?

① 혼돈병 ② 개피떡
③ 여주산병 ④ 재증병

(정답) ③
해설 경기도 여주지역의 향토떡으로, 장식용 웃기로 쓰이던 화려한 잔치 떡으로, 멥쌀가루를 쪄서 친 다음 팥소를 넣고 개피떡처럼 만든다.

26 『규합총서』에 찹쌀가루, 승검초가루, 후춧가루, 계핏가루, 건강, 꿀, 잣 등을 사용하여 두텁떡과 유사하게 조리하였다고 기록된 떡은?

① 송기떡 ② 혼돈병
③ 두텁떡 ④ 구름떡

(정답) ②
해설 혼돈병은 거피팥가루 볶은 것에 계핏가루를 섞어 맨 밑에 깔고 찹쌀가루를 얹은 후, 밤소를 줄지어 놓고, 그 위에 찹쌀가루를 덮고 대추채, 밤 채, 잣 등을 넣고 볶은 거피팥고물을 뿌리고, 다시 그 위에 같은 순서로 켜를 올려 봉우리 있게 찌는 떡으로 정성과 손이 많이 가는 떡이다.

27 『요록』에 "찹쌀가루로 떡을 만들어 삶아 익힌 뒤 꿀물에 담갔다가 꺼내어 그릇에 담아 다시 그 위에 꿀을 더한다" 고 한 떡은?

① 개성주악　② 경단
③ 화전　④ 보리수단

정답 ②
해설 찹쌀가루나 찰수수 가루를 익반죽하여 동그랗게 빚어서 삶아 내어 고물을 묻힌 떡이다.

28 다음 떡의 이름이 기록된 고조리서와 짝이 맞지 않는 것은?

① 경단류는 『임원십육지』에 경단병이란 이름으로 처음 기록되었다.
② 단자류는 『증보산림경제』에 향애 단자로 처음 기록되었다.
③ 설기떡은 『성호사설』에서 기록을 찾아볼 수 있다.
④ 화전은 『도문대작』에 기록되어 있다.

정답 ①
해설 1680년 조선시대 조리서인 『요록(要錄)』에 경단병으로 처음 기록되어 있다.

29 떡을 일컫는 한자어로 내용이 적절하지 않은 것은?

① 자(餈): 쌀을 쪄서 치는 것
② 이(餌): 쌀가루에 꿀을 넣어 찐 것
③ 유병(油餠): 기름에 지진 것
④ 혼돈(餛飩): 찹쌀가루를 쳐서 둥글게 만들어 가운데 소를 넣은 것

정답 ②
해설 이(餌)는 『성호사설』에서 '가루(곡물)를 찐 떡'이라는 뜻이 있다.

30 조선시대 도문대작에 자병(煮餠)이라 기록된 떡의 종류는?

① 빚는 떡　② 지지는 떡
③ 삶는 떡　④ 치는 떡

정답 ②
해설 자병(煮餠: 전병)은 찹쌀가루나 밀가루 등을 둥글넓적하게 기름에 지진 떡으로 유전병(油煎餠)이라고도 부른다.

31 고려시대의 떡 종류가 아닌 것은?

① 토란병　② 상화병
③ 율고　④ 청애병

정답 ①
해설 조선시대 1740년 『수문사설』에 토란병은 "토란을 삶아 거피한 후 집청하여 밤가루나 잣가루를 골고루 묻혀 만든다"라고 기록되어 있다.

32 고려시대의 떡이 언급된 저서가 아닌 것은?

① 목은집　② 지봉유설
③ 해동역사　④ 도문대작

정답 ④
해설 1611년 조선시대 『도문대작』은 허균이 전국의 명산 식품을 열거한 식품서이다. 도살장 문을 바라보면서 크게 입을 벌려 씹으면서 고기 먹고 싶은 생각을 달랜다는 뜻으로, 흉내 내고 상상만 해도 유쾌하다는 의미를 담은 말이다.

33 조선시대 왕 중 인조가 피난 중일 때 '임씨'라는 사람이 임금님께 진상한 떡은?

① 인절미　② 쑥단자
③ 절편　④ 고치떡

정답 ①
해설 조선시대 인조가 이괄의 난을 피해 도망쳐 내려왔을 때 떡을 맛보고 이름이 뭔지 물어봤는데 임씨네 집에서 바친 떡이라고 대답하여 인조가 "그것참 절미로구나" 해서 인절미가 됐다는 설과 '인절병(引絶餠, 잡아당겨 썬 떡)'이라는 한자어에서 나왔다는 추측도 있다.

34 『해동역사』에 중국인이 칭송한 고려시대 떡의 이름은?

① 무떡　② 율고
③ 청애병　④ 석탄병

정답 ②
해설 1975년 한치윤 『해동역사』에 밤설기 떡인 율고를 잘 만든다고 중국인의 칭송이 기록되어 있다.

35 『열양세시기』에 권모(拳模)라고 불린 떡은?

① 가피떡　② 가래떡
③ 송병　④ 증병

정답 ②
해설 가래떡은 멥쌀가루를 찐 다음 떡메에 쳐서 길게 모양을 잡은 것으로, 흰떡, 백병(白餠), 권모(拳模), 떡가래라고도 한다.

예상문제

10회

01 명절에 따로 차려 먹는 음식은 절식, 시절에 맞춰 먹는 음식은 시식(時食)이라 하는데 다음 중 동지팥죽은 무엇인가?

① 동절기식 ② 납향절
③ 화채시식 ④ 동지시식

정답 ④
해설 동지(冬至)시식은 새알심이라 불리는 찹쌀경단을 함께 섞어 끓이는 팥죽이다.

02 예로부터 우리 민족의 4대 명절이 아닌 것은?

① 한식 ② 추석
③ 설날 ④ 정월 대보름

정답 ④
해설 조선시대에는 설날, 한식, 단오, 추석(한가위, 중추절)을 4대 명절로 여겼다.

03 다음 중 절일(節日)과 절식이 잘못 연결된 것은?

① 단오-차륜병 ② 추석-삭일송편
③ 한식-쑥떡 ④ 초파일-느티떡

정답 ②
해설 음력 이월 초하루를 달리 부르는 말 2월 1일은 삭일(朔日)이라고 한다.
중화절(음력 2월 1일)에는 특별히 삭일송편, 노비송편이라 하여 송편을 커다랗게 빚어 노비들에게 나이 수대로 주었는데 이는 농사가 시작되는 절기에 노비들의 사기를 돋워 주고 격려하기 위한 풍속이었다.

04 시절(時節)과 음식이 잘못 연결된 것은?

① 상원-약밥 ② 설날-첨세병(添歲餠)
③ 삼짇날-감국화전 ④ 중화절-노비송편

정답 ③
해설 음력 3월 3일을 삼월 삼짇날이라고 한다. 이날은 강남 갔던 제비가 다시 돌아온다고 하며, 시절식으로 쑥떡, 화면(花麵), 화전(花煎) 등을 먹어 봄기운을 즐겼다.

05 계절과 떡이 잘못 연결된 것은?

① 여름–수리취떡, 깨찰편
② 가을–감떡, 물호박떡
③ 겨울–화전, 증편
④ 봄–쑥떡, 느티떡

정답 ③

해설 화전은 봄, 증편은 여름에 주로 해 먹는 떡이다.

06 설날의 풍경을 설명한 것으로 옳지 않은 것은?

① 일제 강점기에 음력설을 말살하고자 방앗간을 섣달그믐 전 1주일 동안 영업을 금하였다.
② 시루떡을 쪄서 올린 뒤 신에게 빌고, 삭망 전에 올리기도 한다.
③ 나이를 한 살 더 먹는 떡이라는 뜻으로 설날에 먹는 떡국을 첨세병(添歲餠)이라고도 한다.
④ 떡국은 꿩고기를 넣고 끓이는 것이 제격이나 꿩고기가 없는 경우에는 닭고기를 넣고 끓였다. 그리하여 '꿩 대신 닭'이라는 말이 유래되었다.

정답 ①

해설 일제 강점기(1910~1945) 일본은 민족문화 말살 통치의 체제로 한국의 음력설(1월 1일) 풍습 대신 양력설(1월 1일)을 강요하였지만, 방앗간의 영업은 금지하지 않았다.

07 『열양세시기(洌陽歲時記)』에서 전하는 풍습으로, 설부터 3일간 아는 사람한테 반갑게 '승진하시오', '생남하시오' 등 남이 바라는 바를 인사와 함께 전하는 것을 무엇이라 하는가?

① 세찬 ② 하례
③ 덕담 ④ 세배

정답 ③

해설 『열양세시기』 원일조에서는 "설날부터 사흘 동안 시내의 모든 남자가 왕래하느라고 떠들썩하고 울긋불긋한 옷차림이 길거리에 빛나며 길에서 아는 사람을 만나면 반갑게 새해에 안녕하시오? 하고 좋은 일을 들추어 하례한다. 예컨대 아들을 낳으세요, 승진하세요, 건강하세요, 돈을 많이 벌라는 말을 하는데 이를 덕담이라고 한다"라고 기록되었다.

08 설날에 사용되는 용어를 설명한 것으로 옳지 않은 것은?

① 설날 아이들이 입는 새 옷을 세장이라고 한다.
② 설날엔 사랑에서 제사를 지낸다.
③ 설날 대접하는 시절음식을 세찬이라 하고, 이에 곁들인 술을 약주라 한다.

정답 ②

해설 설날 차례는 정월 초하룻날 아침 일찍이 각 가정에서 대청마루나 큰방에서 차례를 지냈다.

④ 설날 어른들을 찾아뵙고 새해 인사드리는 일을 세배라 한다.

정답 ③

해설 동지(冬至)를 흔히 아세(亞歲) 또는 작은설이라 하였다. 동지는 보통 음력 동짓달에 드는데 음력으로 동지가 동짓달 초순에 들면 애동지(兒冬至), 중순에 들면 중동지(中冬至), 하순에 들면 노동지(老冬至)라고 한다. 애동지에는 아이들에게 좋지 않다는 속설로 동지팥죽 대신 팥시루떡을 해 먹었다.

09 명절과 음식이 잘못 연결된 떡은?

① 설날–가래떡　② 정월 대보름–약식
③ 동짓날–팥 경단　④ 추석–송편

정답 ③

해설 음력 9월 9일은 예부터 홀수를 양의 수라 하여 9가 두 번 겹치는 날을 중양절(重陽節)이라고 하였다.

10 음력 2월 1일의 명절을 말하는 것으로 의미가 다른 하나는?

① 노비일　② 머슴날
③ 중양절　④ 하리아드렛날

정답 ②

해설 삼짇날 또는 삼월 삼짇날(음력 3월 3일)이다.

11 삼짇날에 대한 설명으로 옳지 않은 것은?

① 꽃이 필 때 남녀노소가 각기 무리를 이루어 하루를 즐겁게 노는 화전놀이가 있었다.
② 삼사일 또는 '중삼절'이라 하고 음력 3월 1일을 말한다.
③ 집안의 우환을 없애고 소원성취를 비는 신제를 지냈다.
④ 진달래꽃으로 화전, 녹두가루 반죽을 꿀에 타 잣을 넣어서 먹는 화면을 즐겼다.

정답 ④

해설 수리취절편(차륜병)은 멥쌀가루에 삶은 수리취를 넣어 익반죽한 후 반죽을 동그랗게 만들어 차륜(車輪) 모양의 떡살로 찍어 익혀낸 절편류의 떡이다.

12 단오(端午)의 절식으로 알맞은 떡은?

① 증편　② 꽃산병
③ 백설기　④ 수리취절편(차륜병)

13 진달래화전의 다른 이름이 아닌 것은?

① 두견화전 ② 진달래 꽃전
③ 황매화전 ④ 참꽃전

정답 ③
해설 황매화는 4월에 피는 노란색 봄꽃으로 화전(花煎)의 재료로 쓰이는 꽃이다.

14 화전에 대한 설명으로 옳지 않은 것은?

① 진달래가 없는 계절에는 대추와 쑥갓을 대신 얹어 떡을 지지기도 한다.
② 화전의 반죽은 약간 진 것이 좋다.
③ 진달래 대신 들깻잎을 넣고 지지면 찹쌀가루에 향이 배어 맛이 더욱 좋다.
④ 찹쌀가루에 메밀가루를 섞어 진달래와 장미를 넣어 지지기도 한다.

정답 ③
해설 화전(花煎)에 진달래 대신 들깻잎은 사용하지 않는다.

15 화전을 할 때 계절에 적합한 꽃으로 잘못 짝지어진 것은?

① 여름–장미
② 봄–진달래
③ 가을–국화
④ 겨울–코스모스

정답 ④
해설 화전(花煎)은 찹쌀 반죽에 진달래, 황매화, 국화, 장미 등 식용으로 가능한 꽃을 붙여서 지진 전, 또는 떡이다. 화전은 꽃부꾸미, 꽃지지미, 꽃달임 등으로 불린다. 코스모스의 계절은 가을이다.

16 동지(冬至) 후 105일째 되는 날, 한식(寒食)의 절식(節食이) 아닌 것은?

① 메밀국수 ② 한식면
③ 동지팥죽 ④ 쑥떡

정답 ③
해설 동지팥죽은 동짓날(24절기의 스물두 번째 절기) 음식이다. 밤이 가장 길고 낮이 가장 짧은 날이다.

17 중화절(노비일)에 큼직하게 만들어 하인(下人)들에게 나이 수대로 나눠주었던 떡은?

① 노비송편 ② 잡과편

정답 ①
해설 중화절(음력 2월 1일)에는 특별히 노비송편(삭일송편)이라 하여 커다란 송편을 만들어 노비의 나이만큼 송편을 먹게 하는 풍습이 있었다.

③ 떡국떡 ④ 꽃산병

18 초파일에 먹는 불가의 떡으로 느티나무의 어린잎을 멥쌀 가루에 섞어 거피팥고물을 올려 찐 떡은?

① 화전 ② 상추시루떡
③ 봉치떡 ④ 느티떡

정답 ④
해설 멥쌀에 연한 느티나무의 연한 잎을 넣어서 찐 시루떡으로 유엽병(楡葉餠)이라고도 한다. 석가탄신일인 사월 초파일에 먹는 절식 음식의 하나이다.

19 섣달그믐날 집에 남아 있는 재료들을 모두 넣어 따뜻하게 해 먹은 떡은?

① 온시루떡 ② 개피떡
③ 만경떡 ④ 잡과편

정답 ①
해설 온시루떡은 1년에 마지막 날인 섣달그믐날 집안의 남아 있는 모든 식재료를 넣고 떡을 해 먹었다.

20 단옷날 해 먹는 떡으로 같은 떡이 아닌 것은?

① 차륜병 ② 장미화전
③ 단오떡 ④ 수리취절편

정답 ②
해설 단옷날(음력 5월 5일) 시절 떡으로는 단오떡, 수리떡, 수리취절편(차륜병, 車輪餠) 등이 있다.
단오의 풍습 및 행사로는 창포물에 머리 감기, 쑥과 익모초 뜯기, 씨름, 활쏘기 등의 민속놀이도 함께 행해졌다.

21 유두절은 무엇의 준말인가?

① 유두연 ② 동류수두목욕
③ 유두잔치 ④ 유두천신

정답 ②
해설 유두절의 유두(流頭)는 동쪽에서 흐르는 물로 머리를 감는다는 동류수두목욕(東流水頭沐浴)의 준말로 동쪽에서 흐르는 개울에서 머리를 감고 목욕을 한다는 뜻이다.

22 다음에서 유두일(流頭日)의 절식이 아닌 것은?

① 증편 ② 수단(水團)
③ 연병(밀전병) ④ 상화병

정답 ①
해설 유두일(음력 6월 15일)의 절식으로는 떡수단, 밀전병(연병), 보리수단, 유두면 등이 있다.

23 **유두일의 절식으로 술로 반죽하여 소를 넣고 빚어 찐 떡은?**

① 석탄병 ② 해장떡
③ 상화병 ④ 밀전병

정답 ③

해설 상화병은 고려시대 원나라에서 전해온 음식으로 밀가루를 막걸리로 반죽하여 부풀게 하여, 팥소를 넣고 시루에 찐 떡으로 상애떡, 상외떡 이라고도 불린다.

24 **삼복에 대한 설명 중 잘못된 것은?**

① 초복, 중복, 말복을 통틀어 이르는 말이다.
② 복날은 해에 따라서 중복과 말복 사이가 10일 간격을 넘어 20일이 되기도 하는데, 이를 월복(越伏)이라고 한다.
③ 삼복에 먹는 떡으로 증편, 주악이 있다.
④ 삼복에는 주로 추어탕과 수박을 먹는다.

정답 ④

해설 삼복(三伏)은 음력 6월 20일부터 7월 22일경까지 30일 동안의 기간으로 가장 더운 시기이기 때문에, 여름철 보양식으로 삼계탕을 먹는 풍습이 있다.

25 **칠석날(七夕, 음력 7월 7일), 자손들의 장수를 기원하는 칠성제에 올린 떡은?**

① 복숭아 화채 ② 증편
③ 백설기 ④ 밀애호박 부꾸미

정답 ③

해설 칠석날(음력 7월 7일)은 칠성당을 비롯한 선바위 등에 백설기를 받치고 자손들의 명과 복을 기원하였다.

26 **이날은 음력 7월 15일로, 그해 농사가 가장 잘된 집의 머슴을 뽑아 소에 태워 마을을 도는 '호미씻이'와 노총각 머슴을 장가보내주는 풍습이 있었다. 이날을 불가에서는 무엇이라 하는가?**

① 망혼일 ② 우란분절
③ 백중일 ④ 중원

정답 ③

해설 백중(百中)날 호미씻이 풍속: 그해에 농사가 가장 잘된 집의 머슴을 뽑아서 지게 또는 사다리에 태우거나 황소 등에 태워 집집마다 돌아다닌다. 이것은 바쁜 농사를 끝내고 하는 농군의 잔치로서 호미씻이, 세서연(洗鋤宴), 장원례(壯元禮)라고도 불린다. 그리고 마을 어른들은 머슴이나 노총각이나 홀아비면 마땅한 처녀나 과부를 골라 장가를 들여주고 살림도 장만해 주는데, 그래서 옛말에 '백중날 머슴 장가 간다'는 말이 여기서 생겼다.

27 **다음 중 추석을 일컫는 고어로 틀린 것은?**

① 중양절 ② 가배(嘉俳)
③ 팔월 보름날 ④ 중추절

정답 ①

해설 중양절은 음력 9월 9일을 가리키는 날로 날짜와 달의 숫자가 같은 중일(重日)이다.

28 절식으로 먹는 떡의 연결로 올바르지 않은 것은?

① 2월 초하룻날–노비송편
② 정월 대보름–약식
③ 4월 초파일–느티떡
④ 9월 9일 중양절–상화병

정답 ④

해설 음력 9월 9일은 중구(9가 겹쳤다는 뜻) 또는 중양절(양이 겹쳤다는 뜻)이다. 시절(時節) 음식으로 국화전(菊花煎), 국화주(菊花酒), 유자화채(柚子花菜), 석류화채(石榴花菜), 밤떡(栗糕) 등이 있다.

29 시월 상달의 시식으로 쑥과 찹쌀가루로 만든 떡에 볶은 콩가루를 꿀에 섞어 바른 떡을 무엇이라 하는가?

① 콩강정 ② 깨강정
③ 애단자 ④ 밀단고

정답 ③

해설 애단자(艾團餈)는 쑥을 찧고 찹쌀가루를 섞어 동그란 떡을 만들고 볶은 콩가루를 꿀에 섞어 바른 떡이다.

30 시월 상달에 가을 고사일을 택하여 풍파가 없기를 기원하면서 만들어 올린 떡은?

① 붉은팥 시루떡 ② 인절미
③ 갖은 편 ④ 녹두고물 시루떡

정답 ①

해설 음력 10월 상달은 햇곡식을 신에게 드리기에 가장 좋은 달이라는 뜻에서 '상달'이라고 불린다. 붉은 팥으로 시루떡을 만들어 고사를 지냈다.

31 시월 상달에 먹는 절식으로 옳지 않은 것은?

① 밀단고 ② 골무떡
③ 팥시루떡 ④ 애단자

정답 ②

해설 골무떡은 납월(섣달) 음력 12월의 절식 음식이다. 멥쌀가루로 만든 작은 절편으로, 크기가 골무만 하다고 하여 골무떡이라고 부른다.

32 상달의 무오일에는 마굿간 앞에 팥시루떡을 놓고 고사를 지내고 길일을 택해 떡을 찌고 술을 빚어 터줏 대감굿을 하였는데 이 명칭은?

① 당산제 ② 상달고사
③ 성주제 ④ 농공제

정답 ③

해설 상달(上月) 음력 10월에 각 가정에서 오일(午日)이나 길일(吉日)을 택하여 성주에게 지내는 제사이다. 성주신은 집안의 여러 신을 통솔하면서 가내의 평안과 부귀를 관장하는 가신이다.

33 동지와 동지팥죽의 풍습에 대해 잘못 말한 것은?

① 동지팥죽의 새알심은 먹는 사람의 나이 수만큼 넣어 먹는다.
② 초순에 드는 동지를 애동지라 하는데, 이때는 팥죽을 먹지 않고 거피팥 시루떡을 먹는다.
③ 동지팥죽을 솔잎에 적시거나 숟가락으로 떠서 대문이나 벽에 발라 잡귀가 드나드는 것을 막는 주술적인 의미로도 쓰였다.
④ 동짓날을 아세라 했고 민간에서는 작은설이라 했으며 이것은 태양의 부활을 뜻하는 큰 의미를 지니고 있어 설 다음 가는 작은설의 대접을 받았다.

정답 ②
해설 음력으로 동지가 동짓달 초순(음력 11월 초순 1~10일)에 들면 애동지(兒冬至)라 하여, 아이들에게 팥죽이 좋지 않다고 여겨 팥 시루떡을 대신 해 먹인다.

34 다음 중 김장 무가 나오는 상달에 별미로 해 먹는 떡은?

① 무시루떡 ② 팥시루떡
③ 인절미 ④ 녹두편

정답 ①
해설 상달(음력 10월) 무가 달고 단단한 가을부터 겨울철 해 먹었던 떡으로, 멥쌀가루나 찹쌀가루를 넣고 붉은 팥 고물을 시루에 쪄낸 떡이다.

35 납일에 대한 설명으로 잘못된 것은?

① 민간에서는 마마를 깨끗이 한다고 해서 참새를 잡아 어린이들에게 먹이는 풍습도 있었다.
② 납일이란 동지 뒤의 둘째 미일이다.
③ 섣달그믐에는 온 시루떡과 정화수를 떠놓고 고사를 지냈다.
④ 납월의 절식으로는 골동반(비빔밥), 장김치 등이 전해지고 떡으로는 골무떡이 있다.

정답 ②
해설 납일(臘日)은 동지(冬至) 뒤에 셋째 미일(未日)이다.

36 중양절에 대한 설명으로 옳지 않은 것은?

① 햇벼가 나지 않아 추석 때 제사를 지내지 못한 북쪽 산간지방에서 지내던 절일이다.
② 음력 9월 9일로 양수인 9가 겹치는 날이다.

정답 ④
해설 음력 9월 9일로 옛 세시 명절 중 하나이다. 예로부터 홀수를 양의 수라 하여 9가 두 번 겹치는 날을 중양절(重陽節)이라 하였다.

③ 국화전, 밤떡을 먹었다.
④ 최근까지도 그 풍속을 이어오고 있다. 중양절은 갈수록 사려져 가는 풍습이다.

37 『규합총서』, 『임원십육지』, 『부인필지』에 기록된 무를 넣어 만든 떡의 이름은?

① 약편　② 나복병
③ 남방감저병　④ 신과병

정답 ②
해설 무시루떡은 멥쌀가루나 찹쌀가루에 굵게 채 썬 무와 붉은 팥고물을 켜켜이 놓아 가며 시루에 찐 떡으로 나복병(蘿蔔餠)이라고도 한다.

38 납일에 빚어 먹는 작은 절편은?

① 골무떡　② 수수부꾸미
③ 애단고　④ 인절미

정답 ①
해설 납일(臘日)의 절식 음식으로는 비빔밥(골동반), 장김치, 골무떡 등이 있다.

39 『조선무쌍신식요리제법』에 '북꾀미'라 하여 소를 넣고 반으로 접어 다시 지지는 것이 특징인 떡은?

① 수수부꾸미　② 토란병
③ 개성주악　④ 국화전

정답 ①
해설 수수부꾸미는 찰수수 가루를 익반죽하여 둥글납작하게 빚어 소를 넣고 반달 모양으로 접어서 기름에 지진 떡이다.

40 골무떡을 잘못 설명한 것은?

① 납월(臘月)의 절식으로 전해오고 있다.
② 멥쌀가루를 쪄 안반에 쳐서 모양을 낸 떡
③ 조선시대 『규합총서』에 나오는 마로 만든 궁중 떡이다.
④ 흰떡을 쳐서 갸름하게 자르되 손가락 두께만큼 한 치 너비에 한 치 닷푼 길이로 잘라 살 박아 기름 발라 써라.

정답 ③
해설 『시의전서(是議全書)』에 멥쌀가루로 만든 작은 절편으로, 골무만 하다고 하여 골무떡이라고 부른다.

41 **지지는 떡으로 진달래, 장미, 감꽃, 황국화 등의 갖가지 꽃잎을 얹어 계절의 정취를 즐기는 떡의 이름은?**

① 화전 ② 석류병
③ 토란병 ④ 감떡

정답 ①
해설 화전(花煎)은 찹쌀가루를 반죽하여 계절에 따라 다양한 꽃잎을 넣어 둥글고 납작하게 기름에 지진 전, 또는 떡이다.

42 **멥쌀가루를 익반죽하여 콩, 깨, 밤 등을 소로 넣고 반달, 조개처럼 빚어 시루에 솔잎을 깔아 쪄낸 떡은?**

① 토란병 ② 송편
③ 산병 ④ 재증병

정답 ②
해설 송편(松餠)은 멥쌀가루를 익반죽하여 소를 넣고 반달 모양으로 빚어 솔잎을 깔고 찐 떡이다.

43 **경단을 만드는 방법으로 옳지 않은 것은?**

① 경단을 삶을 때 떠오른 뒤 찬물을 조금 넣어 다시 떠오를 때까지 기다린다.
② 찹쌀가루에 끓는 물을 넣어 익반죽한다.
③ 건져낸 떡에 설탕을 뿌려두면 수분이 빠지면서 고물도 잘 묻고 보존기간이 길어진다.
④ 경단은 처음부터 찬물에 넣어 익힌다.

정답 ④
해설 경단(瓊團)을 끓는 물에 넣어 떠오르면 속까지 익힌 다음 찬물에 헹군다.

44 **찹쌀가루나 찰수수 가루를 익반죽하여 지진 후 소를 넣고 반을 접어 붙여 모양을 낸 떡은?**

① 국화전 ② 부꾸미
③ 메밀주악 ④ 노티떡

정답 ②
해설 부꾸미는 찹쌀가루, 찰수수 가루를 익반죽하여 둥글납작하게 빚어 소를 넣고 반달 모양으로 접어서 기름에 지진 떡이다.

45 **복령조화고 제조 시에 들어가는 재료가 아닌 것은?**

① 백복령 ② 산약
③ 차조 ④ 연육

정답 ③
해설 복령조화고 재료는 멥쌀가루, 백복령 가루, 산약(마)가루, 검인(가시령)가루, 연자육(연꽃 씨앗) 등이 들어간다.

예상문제

11회

01 다음 중 통과의례(通過儀禮) 의식이라고 볼 수 없는 것은?

① 상례　　② 성년식
③ 출생　　④ 이혼

정답 ④
해설 통과의례(通過儀禮)는 출생, 성년, 결혼, 사망 등 인간이 일생 동안 새로운 상태로 넘어갈 때 새로운 의미를 부여하는 의례이다.

02 의식이나 잔치에 쓰는 음식을 높이 쌓아올린 상의 이름으로 틀린 것은?

① 망상　　② 입맷상
③ 고임상　　④ 고배상

정답 ②
해설 입맷상은 잔치 같은 때에 큰상을 차리기 전에 먼저 간단하게 차려 대접하는 음식상이다.

03 우리나라에서 전통적으로 내려오는 혼인의 여섯 가지 예법인 '육례(六禮)'에 해당하지 않는 것은?

① 납채(納采)　　② 문명(問名)
③ 납길(納吉)　　④ 제례(祭禮)

정답 ④
해설 납채(納采), 문명(問名), 납길(納吉), 납폐(納幣), 청기(請期), 친영(親迎)을 말한다.

04 다음의 관례에 관한 설명으로 잘못된 것은?

① 빈은 관을 씌우면서 "좋은 날을 받아 처음으로 어른의 옷을 입히니, 너는 어린 마음을 버리고 어른의 덕을 잘 따르면 상서로운 일이 있어 큰 복을 받으리라"는 식의 축복을 내린다.
② 남자는 관례, 여자는 계례를 행한 뒤에야 사회적

정답 ④
해설 계례란 여자가 성인이 되었다는 의미로 여자가 쪽을 찌어 올리고 비녀를 꽂는 의식을 말하며, 관례가 남자의 머리를 빗어 올려 상투를 틀고 관모를 쓰는 의식이라면 계례는 여자의 의례로, 모두가 성인이 되었음을 뜻하는 의례이다. 『사례편람』에 여자가 혼인을 정하면 계례를 행한다 하였고, 혼인을 정하지 않았어도 여자가 15세가 되면 계례를 행한다고 하였다.

지위가 보장되었으며, 갓을 쓰지 못한 자는 아무리 나이가 많아도 언사에 있어 하대를 받았다.

③ 상중을 피해 음력 정월 중의 길일을 잡아 행하고, 관례가 끝나면 자가 수여되고 사당에 고한 뒤 참석자들에게 절을 한다.

④ 여자는 계례라 하여 18세 이상이 되면 어머니가 주관하여 쪽을 찌고 비녀를 꽂아주는 것으로 끝난다. 계례(笄禮)란 혼인날 여자가 머리를 풀고 쪽을 찌어 비녀를 꽂는 의식이다.

05 혼례 때 상에 내놓거나 이바지 음식으로 예로부터 입마개 떡이라고 부르는 떡은?

① 절편 ② 호박시루떡
③ 인절미 ④ 가래떡

정답 ③

해설 혼례를 마친 부부에게 찰기가 강한 떡으로 부부가 찰떡같이 화합하여 잘살자는 의미로 인절미를 나누며, 시집간 딸이 시댁에 갈 때 이바지 음식으로 입마개 떡으로 인절미를 만들어 보내는 풍습으로 시댁 식구들에게 내 딸이 허물이 있어도 너그럽게 봐주기를 바라는 뜻이 담겨 있다.

06 혼례와 관계되는 떡으로 옳지 않은 것은?

① 붉은팥 찰수수 경단
② 봉치(봉채)떡
③ 달떡
④ 용떡

정답 ①

해설 붉은팥 찰수수 경단은 잡귀와 액(나쁜 기운)을 막아준다는 의미로 아이가 건강하게 자라기를 바라며 특히 백일상, 돌상에 오르는 떡이다.

07 봉치(봉채)떡에 대한 설명으로 옳지 않은 것은?

① 신부 집에서 함을 받기 위해서 만드는 떡으로 그날 다 나눠 먹어야 하나 집 밖으로 내보내지 않았다고 한다.
② 떡 위에 놓는 대추는 아들을 상징한다.
③ 봉치떡은 멥쌀 시루떡이다.
④ 떡을 두 켜로 하는 것은 한 쌍의 부부를 뜻한다.

정답 ③

해설 봉치(봉채)떡을 멥쌀이 아닌 찹쌀로 하는 이유는 부부의 금실이 찰떡처럼 화합하여 잘 살기를 기원하는 뜻이며, 붉은 팥고물은 액(나쁜 기운)을 면하게 되기를 바라는 의미가 담겨 있다.

08 통과의례 의식 중 회혼례(回婚禮)란 무엇인가?

① 예순한 살이 되는 해의 생일
② 예순 살이 되는 해의 생일
③ 백년가약을 맺은 지 60년이 되는 해
④ 예순두 살이 되는 해의 생일

정답 ③
해설 회혼례는 해로(偕老)한 부부가 결혼한 지 60주년을 기념하는 의식이다.

09 붉은팥 시루떡에 대한 설명으로 틀린 것은?

① 제례상 또는 차례상에 많이 사용한다.
② 액을 막아주는 떡으로 많이 사용한다.
③ 집을 짓거나 이사했을 때, 함 받을 때 시루째 올려놓고 탈이 없기를 바란다.
④ 잡귀를 밀어낸다 하여 고사떡에 사용한다.

정답 ①
해설 귀신은 붉은 팥을 싫어한다고 해서 제례상(祭禮床)에는 다른 떡을 올린다.

10 다음 중 주로 제사 때 많이 쓰이는 떡은?

① 거피팥 시루떡
② 붉은팥 시루떡
③ 무 시루떡
④ 물호박 시루떡

정답 ①
해설 제사 때에는 흰팥(거피팥 고물)을 사용하여 시루떡을 한다.

11 회갑(回甲)에 대한 설명으로 옳지 않은 것은?

① 이때의 상차림을 '고배상' 또는 '망상'이라 불렀다.
② 육십갑자의 갑이 돌아왔다는 뜻으로 예순한 살을 이르는 말이다.
③ 회갑연 큰 상차림을 입맷상이라고도 부른다.
④ 회갑연에 사용되는 떡은 갖은 편이라 하였고, 웃기떡으로 장식하였다.

정답 ③
해설 혼례(婚禮), 회갑연(壽宴禮), 회혼례(回婚禮) 같은 큰 잔치 때 큰상을 드리기 전에 간단한 차려서 대접하는 음식상으로 대체로 국수장국(면상)으로 차린다.

12 회갑연(回甲宴)에 사용되는 갖은 편이 아닌 것은?

① 승검초편 ② 꿀편
③ 부꾸미 ④ 백편

정답 ③
해설 부꾸미는 곡물가루 익반죽하여 반달 모양으로 납작하게 빚어 소를 넣고 기름에 지진 떡이다.

13 고사를 지내거나 이사를 할 때 잡귀로부터 액을 피할 수 있다는 '주술적인 의미'를 가진 떡은?

① 거피팥 시루떡
② 붉은팥 시루떡
③ 흑임자 시루떡
④ 녹두고물 시루떡

정답 ②
해설 팥의 붉은 빛깔이 잡귀와 음기 등 나쁜 기운을 몰아낸다고 믿는 주술적(呪術的) 의미가 있다.

14 책례(세책례)는 아이가 서당에 다니면서 책을 한 권씩 뗄 때마다 행하던 의례이다. 책례음식으로 만든 떡은?

① 왕송편 ② 오려송편
③ 작은 오색송편 ④ 노비송편

정답 ③
해설 책례(冊禮) 때는 배움으로 꽉 채우길 바라는 마음에 속이 가득 찬 작은 오색송편과 배울수록 마음을 너그럽게 비워 바른 인성을 갖추라는 의미로 속이 빈 매화송편을 만들어 먹었다.

15 백일 떡에 대한 설명으로 틀린 것은?

① 붉은팥 차수수경단은 붉은색을 싫어하는 귀신을 막아 액을 물리친다는 의미가 있다.
② 백설기는 떡의 색에 신성한 의미를 두어 아이가 순수 무구한 삶을 살기를 바라는 뜻이 있다.
③ 백일떡은 백 집에 나눠주어야 아이가 장수하고 복을 받는다고 생각했다.
④ 작은 오색송편은 속이 꽉 찬 사람이 되라는 의미로 반드시 속을 꽉 채워 만들었다.

정답 ④
해설 작은 오색송편은 책례(冊禮) 때 만들어 먹던 떡이다.

16 다음 중 순진무구(純眞無垢)하게 자라라는 뜻의 돌떡으로 적합한 떡은?

① 백설기 ② 무지개떡
③ 녹두편 ④ 거피팥 찰편

정답 ①
해설 백설기(白雪餠)는 정결함과 장수를 의미하여 아기가 희고 깨끗하게 자라기를 바라는 뜻이 담겨 있다.

17 아이들 생일 떡으로 사용되는 수수경단의 의미로 옳은 것은?

① 조상의 음덕(陰德)으로 아이의 장래에 복을 기원한다.
② 잡귀를 막아 아이가 건강하게 자라도록 한다.
③ 수수와 팥의 영양분을 섭취해 무병장수를 꾀한다.
④ 팥의 붉은 기운이 아이를 튼튼하게 자랄 수 있게 한다.

정답 ②
해설 수수경단의 붉은팥 고물은 잡귀와 액(나쁜 기운)을 막아준다는 의미가 있다.

18 돌 상차림에 대한 설명으로 잘못된 것은?

① 떡은 백설기, 붉은팥 고물, 차수수경단, 오색송편, 인절미, 무지개떡을 준비한다.
② 새로 마련한 밥그릇과 국그릇에 흰밥과 미역국을 담고 푸른 나물과 다양한 색의 과일도 준비한다.
③ 아기의 장수를 기원하는 국수를 내놓는다.
④ 여아의 경우 화살, 먹, 책, 붓 등을 놓는다.

정답 ④
해설 남자아이 돌상에는 쌀, 돈, 책, 붓, 먹, 두루마리, 활, 장도(칼), 실타래, 대추, 국수, 떡 등을 놓고, 여자아이 돌상에는 쌀, 돈, 책, 붓, 먹, 두루마리, 바늘, 인두, 가위, 잣대, 실타래, 대추, 국수, 떡 등으로 상을 차린다.

19 돌떡에 대한 설명으로 옳지 않은 것은?

① 인절미는 찰기가 있는 음식이므로 끈기 있고 마음이 단단하여지라는 뜻이 담겨 있다.
② 멥쌀가루에 물 또는 설탕물을 내려서 시루에 안쳐 깨끗하게 찐 한국 전래의 시루떡이다.
③ 백설기는 백 집이 나누어 먹어야 아기의 장래를 기대할 수 있다.

정답 ③
해설 백일 떡(백설기)은 백 집에 나누어 드리면 아이가 무병장수(無病長壽)하고 복(福)을 받는다는 속설이 있다.

④ 무지개떡은 무지개가 꿈을 상징하므로 소원을 성취하라는 뜻이 담겨 있다.

20 **통과의례의식에 사용되는 떡을 잘못 연결한 것은?**

① 혼례-봉채떡, 달떡, 색떡
② 백일-백설기, 붉은팥 고물, 차수수경단, 오색송편
③ 제례-녹두고물편, 거피팥 고물편, 붉은팥 고물편
④ 회갑-백편, 꿀편, 승검초편

정답 ③
해설 붉은팥(고물)의 붉은 색이 귀신을 싫어하는 색이라 하여 제례(祭禮)에는 사용하지 않는다.

21 **찹쌀가루를 익반죽하여 삶아 친 다음 적당한 크기로 빚어 소를 넣고 꿀을 발라 고물을 묻힌 떡은?**

① 닭알떡　② 인절미
③ 단자　④ 경단

정답 ③
해설 단자(團子)는 찹쌀가루를 익반죽하여 밤톨 크기로 둥글게 빚어 안에 팥, 밤, 깨 등에 꿀을 넣어 만든 소를 넣고 그 위에 꿀을 바르고 고물을 묻힌 떡이다.

22 **찹쌀가루 익반죽에 꿀을 넣어 버무린 깨나 대추를 넣고, 송편 모양으로 작게 빚은 뒤 기름에 튀겨내어 집청 시럽에 담갔다가 쓰는 웃기떡은?**

① 주악　② 경단
③ 꿀 송편　④ 단자

정답 ①
해설 대추주악은 대추 씨를 바르고 잘게 썬 후 찹쌀가루에 넣고 반죽하여 소를 넣어 송편으로 만들어 기름에 지진 떡이다.

23 **한 살부터 열 살이 되기까지 아이에게 액운이 찾아오지 못하게 하고, 아이의 건강을 기원하는 의미가 담겨 있는 의미로 해주던 떡은?**

① 수수팥떡　② 팥시루떡
③ 수수부꾸미　④ 붉은팥 수수경단

정답 ④
해설 붉은색 팥고물을 묻힌 수수경단은 액운을 쫓아내어 아이들을 건강하게 자라게 해준다고 하여 10살이 될 때까지 생일에 반드시 해주는 풍습이 있었다.

24 **서속떡의 이름과 관련이 있는 곡물은?**

① 메밀과 귀리　　② 팥과 수수
③ 기장과 조　　④ 보리와 콩

정답 ③
해설 서속떡은 멥쌀가루에 서속가루를 섞어 찐 떡이다. 서속(黍粟)은 기장(黍)과 조(粟)를 가리키는 말이다.

25 **산승에 대한 설명 중 옳지 않은 것은?**

① 『음식방문』, 『시의전서』에 만드는 방법이 나와 있다.
② 찹쌀가루에 꿀을 넣고 익반죽한 뒤 세뿔모양으로 둥글게 빚어 기름에 지진 떡이다.
③ 독특한 형태의 전병으로 잔치 산승은 작게 만들었다.
④ 찹쌀가루에 된장과 깨소금, 후추 등으로 양념하여 지진 떡이다.

정답 ④
해설 산승: 찹쌀가루를 반죽하여 얇게 밀어 모지거나 둥글게 만들어 기름에 지진 웃기떡이다.

예상문제

12회

01 황해도 지방의 향토떡으로 옳지 않은 것은?

① 오쟁이떡　② 꼬장떡
③ 혼인인절미　④ 닭알범벅

정답 ②
해설 꼬장떡은 함경도 지방의 향토떡이다.

02 제주 지역의 향토떡으로 옳지 않은 것은?

① 모시떡　② 달떡
③ 오메기떡　④ 빼떼기떡

정답 ①
해설 덥고 습하여 모시가 많이 재배되는 남부 지방인 전라도나 경상도에서 주로 만들어 먹는 떡이다.

03 떡의 발달과 관련한 그 지역의 특성으로 옳지 않은 것은?

① 함경도는 산악지대이고 기온이 낮아 주로 잡곡 위주의 떡이 만들어졌다. 특별한 장식 없이 소박하게 만들어진 떡이 주류를 이룬다.
② 제주도는 물이 귀하고 논이 적어 다른 지방에 비해 떡이 귀했고 주로 쌀보다는 곡물을 이용해 만들었다.
③ 황해도는 넓은 평야지대로 곡물 중심의 떡이 다양하게 발달하였다. 인심도 후하여 모양과 크기도 푸짐하게 만들었다.
④ 평안도는 대륙과 가까워 진취적인 지역의 특성이 떡에도 잘 나타난다. 떡이 아주 작고 소담스럽다.

정답 ④
해설 평안도는 대체로 서쪽을 제외하고는 산세가 험한 편이나, 적은 논 면적에 비해 곡식은 비교적 잘 되는 편이다. 옛날부터 중국과의 교류가 많아 사람들의 성품이 진취적이고 대륙적인 성향이 있어 음식의 재료나 모양이 큼직하고 푸짐한 것이 특징이다.

04 서울·경기 지역의 향토떡으로 옳은 것은?

① 모싯잎송편, 쑥굴레, 잣구리
② 조개송편, 찰부꾸미, 송기떡
③ 수리취절편, 고치떡, 호박시루떡
④ 개성주악(우메기), 상추시루떡, 여주산병

정답 ④
해설 서울·경기 지역 향토떡: 두텁떡(궁중떡), 느티떡, 상추설기, 강화근대떡, 개성 조랭이, 개성주악, 색떡(꽃떡), 각색경단, 배피떡, 여주산병 등이 있다.

05 충청도 지역의 향토떡으로 찹쌀가루를 익반죽하여 동글납작하게 빚어 지초를 넣고 끓인 기름에 지진 떡은?

① 곤떡　　② 주악
③ 달떡　　④ 부꾸미

정답 ①
해설 찹쌀가루를 익반죽하여 붉은 빛이 나는 지초기름에 지진 충청도 지역의 향토떡이다. 색과 모양이 고와서 고은떡에서 곤떡으로 불리게 되었다.

06 충청도 지방의 향토떡으로 찹쌀가루에 된장과 고추장이 들어가 구수하고 쫄깃한 맛을 내는 떡은?

① 장떡　　② 오메기떡
③ 신과병　　④ 노티떡

정답 ①
해설 장떡은 찹쌀가루에 고추장을 넣고 반죽하여 부쳐내는 음식이다. 지역마다 특색이 있으며, '장땡이'라고도 불렸다.

07 끓는 물에 삶아서 집청 시럽에 넣었다가 경아 가루에 묻혀 담고 꿀물에 집청하여 만드는 경단은 어느 지방의 향토떡인가?

① 진주　　② 전주
③ 개성　　④ 평양

정답 ③
해설 개성경단은 찹쌀가루를 익반죽하여 경단을 만들어 끓는 물에 삶아 건져 경아 가루 고물을 묻힌 다음 꿀이나 조청에 담가서 먹는 떡이다.

08 고치떡의 설명으로 옳지 않은 것은?

① 막 잠이 든 누에를 잠박에 올려 고치 짓기를 기다리며 만들던 떡이다.
② 전라도 지방의 향토떡이며, 여러 색을 들여 누에 고치 모양으로 만든 떡이다.

정답 ③
해설 고치떡은 전라남도의 토속 음식으로 양잠의 성과를 기원하기 위해 만든 떡이다. 멥쌀가루에 분홍, 노란, 푸른색으로 물들이고 소를 넣지 않고 치는 떡이며, 누에고치의 모양으로 만든다.

③ 고치떡은 찹쌀가루로 만든다.
④ 양잠의 좋은 성과를 기원하고 그동안의 노고를 위로하여 만드는 떡이다.

09 제주도의 오메기떡에 대한 설명 중 옳지 않은 것은?

① 차좁쌀 가루에 끓는 물을 넣어 익반죽한다.
② 멥쌀가루와 찹쌀가루를 섞어서 만든다.
③ 삶다가 떠오르면 찬물을 약간 넣어 다시 떠오르면 건진다.
④ 반죽을 20g씩 떼어 둥글납작하게 빚고, 가운데 구멍을 낸다.

정답 ②
해설 제주 지역의 오메기떡은 차조를 익반죽하여 끓는 물에 삶아 낸 후 팥고물을 묻힌 떡이다.

10 다음 중 삶는 떡이 아닌 것은?

① 단자 ② 오메기떡
③ 닭알떡 ④ 부편

정답 ④
해설 부편은 경상도 지역의 떡으로, 찹쌀가루를 익반죽한 뒤 콩가루, 계핏가루, 꿀을 넣어 소를 넣어 만들어 채 썬 대추를 얹어 거피 팥고물을 뿌려 시루에 쪄낸 떡이다.

11 다음은 평안도 지방의 향토떡인 노티(놋치)떡에 대한 설명이다. 옳지 않은 것은?

① 기장이나 수수를 찹쌀에 섞기도 한다.
② 추석 명절쯤 만들어 성묘 때도 쓰고 일 년 내내 두고 간식으로 먹는 떡이다.
③ 먼 길 떠날 때 선물하며, 번철에 지지는 떡이다.
④ 설날에 만들어 보름 때까지 먹는 떡이다.

정답 ④
해설 노티(놋치)떡은 찹쌀가루에 찰기장과 수수가루를 섞어서 익반죽한 뒤 엿기름을 삭혀서 팬에 지진 떡이다. 평안도 지방에서는 추석 전날 달밤에 노티떡을 만들어 가까이 지내는 사람들에게 귀한 선물로 보내고 멀리 유학 간 자녀들에게 보낼 정도로 오래 두고 먹을 수 있는 떡이다.

12 다음 중 프라이팬에 지지는 떡으로만 묶인 것은?

① 국화전, 개성주악, 개성경단
② 수수부꾸미, 부편, 섭전

정답 ③
해설 지지는 떡으로는 유병, 빙자병, 주악, 차조기전병, 노티떡, 부꾸미, 화전, 곤떡 등이 있다.

③ 빙자병, 차조기전병, 노티떡
④ 웃지지, 감떡, 오메기떡

13 **재증병(再蒸餠)에 대한 설명 중 옳지 않은 것은?**

① 흰떡을 만들어 친 다음, 소를 넣어 송편 모양으로 빚고 다시 찐다.
② 얼음처럼 투명해 보인다고 해서 어름송편이라고도 한다.
③ 식으면 딱딱하다.
④ 익힌 쌀가루를 친 다음 다시 빚어 찐다는 의미이다.

정답 ④
해설 재증병은 흰떡을 치대다가 다시 찐 뒤에 그 반죽으로 소를 넣고 송편 모양으로 빚은 후 다시 찐 떡으로 식감이 부드럽고 쫄깃쫄깃하다. 이름 그대로 재증병(再蒸餠)은 두 번 찐다는 의미이다.

14 **곤떡을 바르게 설명한 것은?**

① 개성 지역의 서민들이 밀가루 반죽으로 쪄먹던 떡이다.
② 찹쌀가루를 익반죽하여 지초기름으로 지진 떡이다.
③ 멥쌀가루에 경아 가루를 넣어 지진 떡이다.
④ 보릿가루에 파, 간장, 참기름을 반죽한 후 찐 떡이다.

정답 ②
해설 찹쌀가루를 익반죽하여 붉은 빛이 나는 지초기름에 지진 떡이다. 색과 모양이 고와서 고은떡에서 곤떡으로 불리게 되었다.

15 **충청도 지역의 향토떡에 대한 설명으로 옳지 않은 것은?**

① 감자와 옥수수가 풍부하여 감자떡과 옥수수떡을 많이 만들었다.
② 찹쌀, 호박, 콩을 넣어 쇠머리떡을 많이 만들었다.
③ 호박을 이용하여 떡을 많이 만들었다.
④ 버섯, 칡, 도토리를 이용하여 떡을 많이 만들었다.

정답 ①
해설 충청도는 쌀, 보리, 고구마, 등과 같은 농산물이 풍부하여 쌀가루 도토리가루 등 곡물가루를 이용한 떡이 주를 이루며 양반과 서민의 떡으로 구분되어 있다. 꽃산병, 증편, 모듬백이(쇠머리떡), 약편, 곤떡, 쌀 약과, 막편, 수수팥떡, 호박떡, 꽃난병, 호박송편, 장떡, 감자떡, 도토리떡, 칡개떡, 햇보리개떡, 수리취 인절미 등이 있다.

餠

떡 제조,
기초에서 응용까지 —

Story 3

떡 제조 기초편

떡 제조 기능사 실기 공개문제

1. 콩설기떡
2. 부꾸미
3. 송편
4. 쇠머리떡
5. 무지개떡
6. 경단
7. 백편
8. 인절미
9. 흑임자시루떡
10. 개피떡(바람떡)
11. 흰팥시루떡
12. 대추단자

출제기준

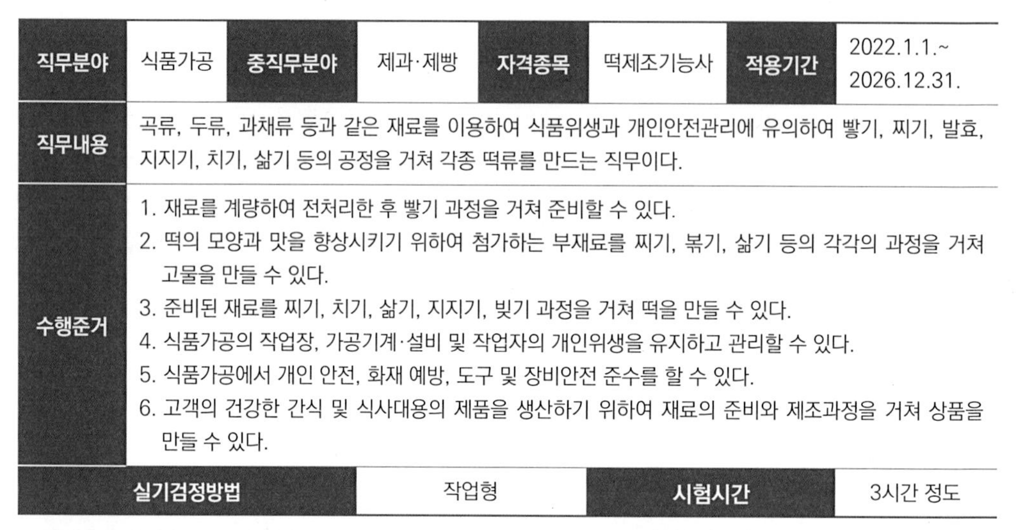

직무분야	식품가공	중직무분야	제과·제빵	자격종목	떡제조기능사	적용기간	2022.1.1.~ 2026.12.31.
직무내용	곡류, 두류, 과채류 등과 같은 재료를 이용하여 식품위생과 개인안전관리에 유의하여 빻기, 찌기, 발효, 지지기, 치기, 삶기 등의 공정을 거쳐 각종 떡류를 만드는 직무이다.						
수행준거	1. 재료를 계량하여 전처리한 후 빻기 과정을 거쳐 준비할 수 있다. 2. 떡의 모양과 맛을 향상시키기 위하여 첨가하는 부재료를 찌기, 볶기, 삶기 등의 각각의 과정을 거쳐 고물을 만들 수 있다. 3. 준비된 재료를 찌기, 치기, 삶기, 지지기, 빚기 과정을 거쳐 떡을 만들 수 있다. 4. 식품가공의 작업장, 가공기계·설비 및 작업자의 개인위생을 유지하고 관리할 수 있다. 5. 식품가공에서 개인 안전, 화재 예방, 도구 및 장비안전 준수를 할 수 있다. 6. 고객의 건강한 간식 및 식사대용의 제품을 생산하기 위하여 재료의 준비와 제조과정을 거쳐 상품을 만들 수 있다.						
실기검정방법		작업형		시험시간		3시간 정도	

실기 과목명	주요항목	세부항목	세세항목
떡제조 실무	1. 설기떡류 만들기	1. 설기떡류 재료 준비하기	1. 설기떡류 제조에 적합하도록 작업기준서에 따라 필요한 재료를 준비할 수 있다. 2. 생산량에 따라 배합표를 작성할 수 있다. 3. 설기떡류 작업기준서에 따라 부재료의 특성을 고려하여 전처리할 수 있다. 4. 떡의 특성에 따라 물에 불리는 시간을 조정하고 소금을 첨가할 수 있다.
		2. 설기떡류 재료 계량하기	1. 배합표에 따라 설기떡류 제품별로 필요한 각 재료를 계량할 수 있다. 2. 배합표에 따라 부재료 첨가에 따른 물의 양을 조절할 수 있다. 3. 배합표에 따라 생산량을 고려하여 소금·설탕의 양을 조절할 수 있다.

실기 과목명	주요항목	세부항목	세세항목
		3. 설기떡류 빻기	1. 배합표에 따라 생산량을 고려하여 빻을 양을 계산하고 소금과 물을 첨가하여 빻을 수 있다. 2. 설기떡류 작업기준서에 따라 제품의 특성에 맞춰 빻는 횟수를 조절할 수 있다. 3. 재료의 특성에 따라 체질의 횟수를 조절하고 체눈의 크기를 선택하여 사용할 수 있다.
		4. 설기떡류 찌기	1. 설기떡류 작업기준서에 따라 준비된 재료를 찜기에 넣고 골고루 펴서 안칠 수 있다. 2. 설기떡류 작업기준서에 따라 최종 포장단위를 고려하여 찜기에 안쳐진 설기떡류을 찌기 전에 얇은 칼을 이용하여 분할할 수 있다. 3. 설기떡류 작업기준서에 따라 제품특성을 고려하여 찌는 시간과 온도를 조절할 수 있다. 4. 설기떡류 작업기준서에 따라 제품특성을 고려하여 면보자기나 찜기의 뚜껑을 덮어 제품의 수분을 조절할 수 있다.
		5. 설기떡류 마무리하기	1. 설기떡류 작업기준서에 따라 제품 이동 시에도 모양이 흐트러지지 않도록 포장할 수 있다. 2. 설기떡류 작업기준서에 따라 제품 특징에 맞는 포장지를 선택하여 포장할 수 있다. 3. 설기떡류 작업기준서에 따라 제품의 품질 유지를 위해 표기사항을 표시하여 포장할 수 있다.
	2. 켜떡류 만들기	1. 켜떡류 재료 준비하기	1. 켜떡류 제조에 적합하도록 작업기준서에 따라 필요한 재료를 준비할 수 있다. 2. 생산량에 따라 배합표를 작성할 수 있다. 3. 켜떡류 작업기준서에 따라 부재료의 특성을 고려하여 전처리할 수 있다. 4. 켜떡류의 종류와 특성에 따라 물에 불리는 시간을 조정하고 소금을 첨가할 수 있다.
		2. 켜떡류 재료 계량하기	1. 배합표에 따라 제품별로 필요한 각 재료를 계량할 수 있다. 2. 배합표에 따라 부재료 첨가에 따른 물의 양을 조절할 수 있다. 3. 배합표에 따라 생산량을 고려하여 소금·설탕의 양을 조절할 수 있다.

실기 과목명	주요항목	세부항목	세세항목
		3. 켜떡류 빻기	1. 배합표에 따라 생산량을 고려하여 빻을 양을 계산하고 소금과 물을 첨가하여 빻을 수 있다. 2. 켜떡류 작업기준서에 따라 제품의 특성에 맞춰 빻는 횟수를 조절할 수 있다. 3. 재료의 특성에 따라 체질의 횟수를 조절하고 체눈의 크기를 선택하여 사용할 수 있다
		4. 켜떡류 고물 준비하기	1. 켜떡류 작업기준서에 따라 사용될 고물 재료를 준비할 수 있다.
		5. 켜떡류 켜 안치기	1. 켜떡류 작업기준서에 따라 빻은 재료와 고물을 안칠 켜의 수만큼 분할할 수 있다. 2. 켜떡류 작업기준서에 따라 찜기 밑에 시루포를 깔고 고물을 뿌릴 수 있다. 3. 켜떡류 작업기준서에 따라 뿌린 고물 위에 준비된 주재료를 뿌릴 수 있다. 4. 켜떡류 작업기준서에 따라 켜만큼 번갈아 가며 찜기에 켜켜이 채울 수 있다. 5. 켜떡류 작업기준서에 따라 찜기에 안칠 수 있다.
		6. 켜떡류 찌기	1. 준비된 재료를 켜떡류 작업기준서에 따라 찜기에 넣고 골고루 펴서 안칠 수 있다. 2. 켜떡류 작업기준서에 따라 최종 포장단위를 고려하여 찜기에 안쳐진 멥쌀 켜떡류는 찌기 전에 얇은 칼을 이용하여 분할하고, 찹쌀이 들어가면 찐 후 분할할 수 있다. 3. 켜떡류 작업기준서에 따라 제품특성을 고려하여 찌는 시간과 온도를 조절할 수 있다. 4. 켜떡류 작업기준서에 따라 제품특성을 고려하여 면보자기를 덮어 제품의 수분을 조절할 수 있다.
		7. 켜떡류 마무리하기	1. 켜떡류 작업기준서에 따라 제품 이동 시에도 모양이 흐트러지지 않도록 포장할 수 있다. 2. 켜떡류 작업기준서에 따라 제품 특징에 맞는 포장지를 선택하여 포장할 수 있다. 3. 켜떡류 작업기준서에 따라 제품의 품질 유지를 위해 표기사항을 표시하여 포장할 수 있다.
	3. 빚어 찌는 떡류 만들기	1. 빚어 찌는 떡류 재료 준비하기	1. 빚어 찌는 떡류 제조에 적합하도록 작업기준서에 따라 필요한 재료를 준비할 수 있다. 2. 생산량에 따라 배합표를 작성할 수 있다. 3. 빚어 찌는 떡류 작업기준서에 따라 부재료의 특성을 고려하여 전처리할 수 있다. 4. 빚어 찌는 떡의 종류와 특성에 따라 물에 불리는 시간을 조정하고 소금을 첨가할 수 있다.

실기 과목명	주요항목	세부항목	세세항목
		2. 빚어 찌는 떡류 재료 계량하기	1. 배합표에 따라 제품별로 필요한 각 재료를 계량할 수 있다. 2. 배합표에 따라 겉피와 속고물의 수분 평형을 고려하여 첨가되는 물의 양을 조절할 수 있다. 3. 배합표에 따라 생산량을 고려하여 소금·설탕의 양을 조절할 수 있다.
		3. 빚어 찌는 떡류 빻기	1. 배합표에 따라 생산량을 고려하여 빻을 양을 계산하고 소금과 물을 첨가하여 빻을 수 있다. 2. 빚어 찌는 떡류 작업기준서에 따라 제품의 특성에 맞춰 빻는 횟수를 조절할 수 있다. 3. 배합표에 따라 겉피에 첨가되는 부재료의 특성을 고려하여 전처리한 재료를 사용할 수 있다.
		4. 빚어 찌는 떡류 반죽하기	1. 빚어 찌는 떡류 작업기준서에 따라 익반죽 또는 생반죽 할 수 있다. 2. 배합표에 따라 물의 양을 조절하여 반죽할 수 있다. 3. 배합표에 따라 속고물과 겉피의 수분비율을 조절하여 반죽할 수 있다.
		5. 빚어 찌는 떡류 빚기	1. 빚어 찌는 떡류 작업기준서에 따라 빚어 찌는 떡류의 크기와 모양을 조절하여 빚을 수 있다. 2. 빚어 찌는 떡류 작업기준서에 따라 겉편과 속편의 양을 조절하여 빚을 수 있다. 3. 빚어 찌는 떡류 작업기준서에 따라 부재료의 특성을 살려 색을 조화롭게 빚어낼 수 있다
		6. 빚어 찌는 떡류 찌기	1. 빚어 찌는 떡류 작업기준서에 따라 제품특성을 고려하여 찌는 시간과 온도를 조절할 수 있다. 2. 빚어 찌는 떡류 작업기준서에 따라 제품특성을 고려하여 면보자기를 덮어 제품의 수분을 조절할 수 있다. 3. 빚어 찌는 떡류 작업기준서에 따라 풍미를 높이기 위해 부재료를 첨가할 수 있다. 4. 빚어 찌는 떡류 작업기준서에 따라 제품이 서로 붙지 않게 간격을 조절하여 찔 수 있다.
		7. 빚어 찌는 떡류 마무리하기	1. 빚어 찌는 떡류 작업기준서에 따라 찐 후 냉수에 빨리 식힌다. 2. 빚어 찌는 떡류 작업기준서에 따라 물기가 제거되면 참기름을 바를 수 있다. 3. 빚어 찌는 떡류 작업기준서에 따라 제품의 품질 유지를 위해 표기사항을 표시하여 포장할 수 있다.

실기 과목명	주요항목	세부항목	세세항목
	4. 빚어 삶는 떡	1. 빚어 삶는 떡류 재료 준비하기	1. 빚어 삶는 떡류 제조에 적합하도록 작업기준서에 따라 필요한 재료를 준비할 수 있다. 2. 생산량에 따라 배합표를 작성할 수 있다. 3. 빚어 삶는 떡류 작업기준서에 따라 부재료의 특성을 고려하여 전처리할 수 있다. 4. 빚어 삶는 떡의 종류와 특성에 따라 물에 불리는 시간을 조정하고 소금을 첨가할 수 있다.
		2. 빚어 삶는 떡류 재료 계량하기	1. 배합표에 따라 제품별로 필요한 각 재료를 계량할 수 있다. 2. 배합표에 따라 떡류의 수분 평형을 고려하여 첨가되는 물의 양을 조절할 수 있다. 3. 배합표에 따라 생산량을 고려하여 소금의 양을 조절할 수 있다.
		3. 빚어 삶는 떡류 빻기	1. 배합표에 따라 생산량을 고려하여 빻을 양을 계산하고 소금과 물을 첨가하여 빻을 수 있다. 2. 빚어 삶는 떡류 작업기준서에 따라 제품의 특성에 맞춰 빻는 횟수를 조절할 수 있다. 3. 배합표에 따라 빚어 삶는 떡류에 첨가되는 부재료의 특성을 고려하여 전처리한 재료를 사용할 수 있다.
		4. 빚어 삶는 떡류 반죽하기	1. 빚어 삶는 떡류 작업기준서에 따라 익반죽 또는 생반죽 할 수 있다. 2. 배합표에 따라 물의 양을 조절하여 반죽할 수 있다. 3. 배합표에 따라 빚어 삶는 떡류의 수분비율을 조절하여 반죽할 수 있다.
		5. 빚어 삶는 떡류 빚기	1. 빚어 삶는 떡류 작업기준서에 따라 빚어 삶는 떡류의 크기와 모양을 조절하여 빚을 수 있다. 2. 빚어 삶는 떡류 작업기준서에 따라 부재료의 특성을 살려 빚어낼 수 있다.
		6. 빚어 삶는 떡류 삶기	1. 빚어 삶는 떡류 작업기준서에 따라 제품특성을 고려하여 삶는 시간과 온도를 조절할 수 있다. 2. 빚어 삶는 떡류 작업기준서에 따라 풍미를 높이기 위해 부재료를 첨가할 수 있다. 3. 빚어 삶는 떡류 작업기준서에 따라 제품이 서로 붙지 않게 저어가며 삶을 수 있다.

실기 과목명	주요항목	세부항목	세세항목
		7. 빚어 삶는 떡류 마무리하기	1. 작업기준서에 따라 빚은 떡을 삶은 후 냉수에 빨리 식힐 수 있다. 2. 빚어 삶는 떡류 작업기준서에 따라 물기를 제거하여 고물을 묻힐 수 있다. 3. 빚어 삶는 떡류 작업기준서에 따라 제품의 품질 유지를 위해 표기사항을 표시하여 포장할 수 있다.
	5. 약밥 만들기	1. 약밥 재료 준비하기	1. 약밥 만들기 제조에 적합하도록 작업기준서에 따라 필요한 재료를 준비할 수 있다. 2. 생산량에 따라 배합표를 작성할 수 있다. 3. 배합표에 따라 부재료를 필요한 양만큼 준비할 수 있다. 4. 약밥 만들기 작업기준서에 따라 부재료의 특성을 고려하여 전처리할 수 있다. 5. 약밥 만들기 작업기준서에 따라 찹쌀을 물에 불린 후 건져 물기를 빼고 소금을 첨가하여 찜기에 쪄서 준비할 수 있다. 6. 배합표에 따라 황설탕, 계핏가루, 진간장, 대추 삶은 물(대추고), 캐러멜 소스, 꿀, 참기름을 준비할 수 있다.
		2. 약밥 재료 계량하기	1. 배합표에 따라 쪄서 준비한 재료를 계량할 수 있다. 2. 배합표에 따라 전처리된 부재료를 계량할 수 있다. 3. 배합표에 따라 황설탕, 계핏가루, 진간장, 대추 삶은 물(대추고), 캐러멜 소스, 꿀, 참기름을 계량할 수 있다.
		3. 약밥 혼합하기	1. 약밥 만들기 작업기준서에 따라 찹쌀을 찔 수 있다. 2. 약밥 만들기 작업기준서에 따라 계량된 황설탕, 계핏가루, 진간장, 대추 삶은 물(대추고), 캐러멜 소스, 꿀, 참기름을 넣어 혼합할 수 있다. 3. 약밥 만들기 작업기준서에 따라 혼합한 재료를 맛과 색이 잘 스며들도록 관리할 수 있다.
		4. 약밥 찌기	1. 약밥 만들기 작업기준서에 따라 혼합된 재료를 찜기에 넣고 골고루 펴서 안칠 수 있다. 2. 약밥 만들기 작업기준서에 따라 제품특성을 고려하여 찌는 시간과 온도를 조절할 수 있다. 3. 약밥 만들기 작업기준서에 따라 제품특성을 고려하여 면보자기를 덮어 제품의 수분을 조절할 수 있다.

실기 과목명	주요항목	세부항목	세세항목
		5. 약밥 마무리하기	1. 약밥 만들기 작업기준서에 따라 완성된 약밥의 크기와 모양을 조절하여 포장할 수 있다. 2. 약밥 만들기 작업기준서에 따라 제품 특징에 맞는 포장지를 선택하여 포장할 수 있다. 3. 약밥 만들기 작업기준서에 따라 제품의 품질 유지를 위해 표기사항을 표시하여 포장할 수 있다.
	6. 인절미 만들기	1. 인절미 재료 준비하기	1. 인절미 제조에 적합하도록 작업기준서에 따라 필요한 찹쌀과 고물을 준비할 수 있다. 2. 생산량에 따라 배합표를 작성할 수 있다. 3. 인절미 작업기준서에 따라 부재료의 특성을 고려하여 전처리할 수 있다. 4. 인절미의 특성에 따라 물에 불리는 시간을 조정하고 소금을 가할 수 있다.
		2. 인절미 재료 계량하기	1. 배합표에 따라 제품별로 필요한 각 재료를 계량할 수 있다. 2. 배합표에 따라 부재료 첨가에 따른 물의 양을 조절할 수 있다. 3. 배합표에 따라 생산량을 고려하여 소금의 양을 조절할 수 있다. 4. 배합표에 따라 인절미에 첨가되는 전처리된 부재료를 계량하여 사용할 수 있다.
		3. 인절미 빻기	1. 배합표에 따라 생산량을 고려하여 빻을 재료의 양을 계산하고 소금과 물을 첨가하여 빻을 수 있다. 2. 인절미 작업기준서에 따라 제품의 특성에 맞춰 빻는 횟수를 조절할 수 있다. 3. 제품의 특성에 따라 1, 2차 빻기 작업 수행 시 분쇄기의 롤 간격을 조절할 수 있다. 4. 인절미 작업기준서에 따라 불린 쌀 대신 전처리 제조된 재료를 사용할 경우 불리는 공정과 빻기의 공정을 생략한다.
		4. 인절미 찌기	1. 인절미류 작업기준서에 따라 찹쌀가루를 뭉쳐서 안칠 수 있다. 2. 인절미류 작업기준서에 따라 제품특성을 고려하여 찌는 온도와 시간을 조절하여 찔 수 있다.
		5. 인절미 성형하기	1. 인절미류 작업기준서에 따라 익힌 떡 반죽을 쳐서 물성을 조절할 수 있다. 2. 인절미류 작업기준서에 따라 제품을 식힐 수 있다. 3. 인절미류 작업기준서에 따라 제품특성에 따라 절단할 수 있다.

실기 과목명	주요항목	세부항목	세세항목
		6. 인절미 마무리하기	1. 인절미류 작업기준서에 따라 고물을 묻힐 수 있다. 2. 인절미류 작업기준서에 따라 포장할 수 있다. 3. 인절미류 작업기준서에 따라 표기사항을 표시할 수 있다.
	7. 고물류 만들기	1. 찌는 고물류 만들기	1. 작업기준서와 생산량에 따라 배합표를 작성할 수 있다. 2. 작업기준서에 따라 필요한 재료를 준비할 수 있다. 3. 재료의 특성을 고려하여 전처리할 수 있다. 4. 전처리된 재료를 찜기에 넣어 찔 수 있다. 5. 작업기준서에 따라 제품특성을 고려하여 찌는 시간과 온도를 조절할 수 있다. 6. 찐 고물을 식혀 빻은 후 고물을 소분하여 냉장이나 냉동에 보관할 수 있다.
		2. 삶는 고물류 만들기	1. 작업기준서와 생산량에 따라 배합표를 작성할 수 있다. 2. 작업기준서에 따라 필요한 재료를 준비할 수 있다. 3. 재료의 특성을 고려하여 전처리할 수 있다. 4. 전처리된 재료를 삶는 솥에 넣어 삶을 수 있다. 5. 작업기준서에 따라 제품특성을 고려하여 삶는 시간과 온도를 조절할 수 있다. 6. 삶은 고물을 식혀 빻은 후 고물을 소분하여 냉장이나 냉동에 보관할 수 있다.
		3. 볶는 고물류 만들기	1. 작업기준서와 생산량에 따라 배합표를 작성할 수 있다. 2. 작업기준서에 따라 필요한 재료를 준비할 수 있다. 3. 재료의 특성을 고려하여 전처리할 수 있다. 4. 전처리하다 재료를 볶음 솥에 넣어 볶을 수 있다. 5. 작업기준서에 따라 제품특성을 고려하여 볶는 시간과 온도를 조절할 수 있다. 6. 볶은 고물을 식혀 빻은 후 고물을 소분하여 냉장이나 냉동에 보관할 수 있다.
	8. 가래떡류 만들기	1. 가래떡류 재료 준비하기	1. 작업기준서와 생산량을 고려하여 배합표를 작성할 수 있다. 2. 배합표 따라 원·부재료를 준비할 수 있다. 3. 작업기준서에 따라 부재료를 전처리할 수 있다. 4. 가래떡류의 특성에 따라 물에 불리는 시간을 조정할 수 있다.

실기 과목명	주요항목	세부항목	세세항목
		2. 가래떡류 재료 계량하기	1. 배합표에 따라 제품별로 재료를 계량할 수 있다. 2. 배합표에 따라 부재료 첨가에 따른 물의 양을 조절할 수 있다. 3. 배합표에 따라 멥쌀에 소금을 첨가할 수 있다.
		3. 가래떡류 빻기	1. 작업기준서에 따라 원·부재료의 빻는 횟수를 조절할 수 있다. 2. 제품의 특성에 따라 1, 2차 빻기 작업 수행 시 분쇄기 롤 간격을 조절할 수 있다. 3. 빻은 맵쌀가루의 입도, 색상, 냄새를 확인하여 분쇄작업을 완료할 수 있다. 4. 빻은 작업이 완료된 원재료에 부재료를 혼합할 수 있다.
		4. 가래떡류 찌기	1. 작업기준서에 따라 준비된 재료를 찜기에 넣고 골고루 펴서 안칠 수 있다. 2. 작업기준서에 따라 찌는 시간과 온도를 조절할 수 있다. 3. 작업기준서에 따라 찜기 뚜껑을 덮어 제품의 수분을 조절할 수 있다.
		5. 가래떡류 성형하기	1. 작업기준서에 따라 성형노즐을 선택할 수 있다. 2. 작업기준서에 따라 쪄진 떡을 제병기에 넣어 성형할 수 있다. 3. 작업기준서에 따라 제병기에서 나온 가래떡을 냉각시킬 수 있다. 4. 작업기준서에 따라 냉각된 가래떡을 용도별로 절단할 수 있다.
		6. 가래떡류 마무리하기	1. 작업기준서에 따라 제품 특징에 맞는 포장지를 선택할 수 있다. 2. 작업기준서에 따라 절단한 가래떡을 용도별로 저온 건조 또는 냉동할 수 있다. 3. 작업기준서에 따라 제품별로 길이, 크기를 조절할 수 있다. 4. 작업기준서에 따라 제품별로 알코올 처리를 할 수 있다. 5. 작업기준서에 따라 제품별로 건조 수분을 조절할 수 있다. 6. 작업기준서에 따라 포장 표시면에 표기사항을 표시할 수 있다.

실기 과목명	주요항목	세부항목	세세항목
	9. 찌는 찰떡류 만들기	1. 찌는 찰떡류 재료 준비하기	1. 작업기준서와 생산량을 고려하여 배합표를 작성할 수 있다. 2. 배합표에 따라 원·부재료를 준비할 수 있다. 3. 부재료의 특성을 고려하여 전처리할 수 있다. 4. 찌는 찰떡류의 특성에 따라 물에 불리는 시간을 조정할 수 있다.
		2. 찌는 찰떡류 재료 계량하기	1. 배합표에 따라 원·부재료를 계량할 수 있다. 2. 배합표에 따라 물의 양을 조절할 수 있다. 3. 배합표에 따라 찹쌀에 소금을 첨가할 수 있다.
		3. 찌는 찰떡류 빻기	1. 작업기준서에 따라 원·부재료의 빻는 횟수를 조절할 수 있다. 2. 1, 2차 빻기 작업 수행 시 분쇄기의 롤 간격을 조절할 수 있다. 3. 빻기된 찹쌀가루의 입도, 색상, 냄새를 확인하여 빻는 작업을 완료할 수 있다. 4. 빻는 작업이 완료된 원재료에 부재료를 혼합할 수 있다.
		4. 찌는 찰떡류 찌기	1. 작업기준서에 따라 스팀이 잘 통과될 수 있도록 혼합된 원부재료를 시루에 담을 수 있다. 2. 작업기준서에 따라 찌는 시간과 온도를 조절할 수 있다. 3. 작업기준서에 따라 시루 뚜껑을 덮어 제품의 수분을 조절할 수 있다.
		5. 찌는 찰떡류 성형하기	1. 찐 재료에 대하여 물성이 적합한지 확인할 수 있다. 2. 작업기준서에 따라 찐 재료를 식힐 수 있다. 3. 작업기준서에 따라 제품의 종류별로 절단할 수 있다.
		6. 찌는 찰떡류 마무리하기	1. 노화 방지를 위하여 제품의 특성에 적합한 포장지를 선택할 수 있다. 2. 작업기준서에 따라 제품을 포장할 수 있다. 3. 작업기준서에 따라 포장 표시면에 표기사항을 표시할 수 있다. 4. 제품의 보관 온도에 따라 제품 보관 방법을 적용할 수 있다.

실기 과목명	주요항목	세부항목	세세항목
	10. 지지는 떡	1. 지지는 떡류 재료 준비하기	1. 지지는 떡류 작업기준서에 따라 재료를 준비할 수 있다. 2. 지지는 떡류 작업기준서에 따라 재료를 계량할 수 있다 3. 지지는 떡류 작업기준서에 따라 찹쌀을 불릴 수 있다. 4. 지지는 떡류 작업기준서에 따라 부재료의 특성을 고려하여 전 처리할 수 있다.
		2. 지지는 떡류 빻기	1. 지지는 떡류 작업기준서에 따라 반죽에 첨가되는 부재료의 특성에 따라 전처리한 재료를 사용할 수 있다. 2. 지지는 떡류 작업기준서에 따라 제품의 특성에 맞게 빻는 횟수를 조절하여 빻을 수 있다. 3. 재료의 특성에 따라 체눈의 크기와 체질의 횟수를 조절할 수 있다.
		3. 지지는 떡류 지지기	1. 지지는 떡류 작업기준서에 따라 익반죽할 수 있다. 2. 지지는 떡류 작업기준서에 따라 크기와 모양에 맞게 성형할 수 있다. 3. 지지는 떡류 제품 특성에 따라 지진 후 속고물을 넣을 수 있다. 4. 지지는 떡류 제품 특성에 따라 고명으로 장식하고 즙청할 수 있다.
		4. 지지는 떡류 마무리하기	1. 지지는 떡류 작업기준서에 따라 포장할 수 있다. 2. 지지는 떡류 작업기준서에 따라 표기사항을 표시할 수 있다.
	11. 위생관리	1. 개인위생 관리하기	1. 위생관리 지침에 따라 두발, 손톱 등 신체 청결을 유지할 수 있다. 2. 위생관리 지침에 따라 손을 자주 씻고 건조하게 하여 미생물의 오염을 예방할 수 있다. 3. 위생관리 지침에 따라 위생복, 위생모, 작업화 등 개인위생을 관리할 수 있다. 4. 위생관리 지침에 따라 질병 등 스스로의 건강상태를 관리하고, 보고할 수 있다. 5. 위생관리 지침에 따라 근무 중의 흡연, 음주, 취식 등에 대한 작업장 근무수칙을 준수할 수 있다.

실기 과목명	주요항목	세부항목	세세항목
		2. 가공기계 · 설비위생 관리하기	1. 위생관리 지침에 따라 가공기계·설비위생 관리 업무를 준비, 수행할 수 있다. 2. 위생관리 지침에 따라 작업장 내에서 사용하는 도구의 청결을 유지할 수 있다. 3. 위생관리 지침에 따라 작업장 기계 · 설비들의 위생을 점검하고, 관리할 수 있다. 4. 위생관리 지침에 따라 세제, 소독제 등의 사용 시, 약품의 잔류 가능성을 예방할 수 있다. 5. 위생관리 지침에 따라 필요시 가공기계 · 설비 위생에 관한 사항을 책임자와 협의할 수 있다.
		3. 작업장 위생 관리하기	1. 위생관리 지침에 따라 작업장 위생 관리 업무를 준비, 수행할 수 있다. 2. 위생관리 지침에 따라 작업장 청소 및 소독 매뉴얼을 작성할 수 있다. 3. 위생관리 지침에 따라 HACCP관리 매뉴얼을 운영할 수 있다. 4. 위생관리 지침에 따라 세제, 소독제 등의 사용 시, 약품의 잔류 가능성을 예방할 수 있다. 5. 위생관리 지침에 따라 소독, 방충, 방서 활동을 준비, 수행할 수 있다. 6. 위생관리 지침에 따라 필요시 작업장 위생에 관한 사항을 책임자와 협의할 수 있다.
	12. 안전관리	1. 개인 안전 준수하기	1. 안전사고 예방지침에 따라 도구 및 장비 등의 정리·정돈을 수시로 할 수 있다. 2. 안전사고 예방지침에 따라 위험·위해 요소 및 상황을 전파할 수 있다. 3. 안전사고 예방지침에 따라 지정된 안전 장구류를 착용하여 부상을 예방할 수 있다. 4. 안전사고 예방지침에 따라 중량물 취급, 반복 작업에 따른 부상 및 질환을 예방할 수 있다. 5. 안전사고 예방지침에 따라 부상이 발생하였을 경우 응급처치(지혈, 소독 등)를 수행할 수 있다. 6. 안전사고 예방지침에 따라 부상 발생 시 책임자에게 즉각 보고하고 지시를 준수할 수 있다.

실기 과목명	주요항목	세부항목	세세항목
		2. 화재 예방하기	1. 화재예방지침에 따라 LPG, LNG 등 연료용 가스를 안전하게 취급할 수 있다. 2. 화재예방지침에 따라 전열 기구 및 전선 배치를 안전하게 취급할 수 있다. 3. 화재예방지침에 따라 화재 발생 시 소화기 등을 사용하여 초기에 대응할 수 있다. 4. 화재예방지침에 따라 식품가공용 유지류의 취급 부주의에 따른 화상, 화재를 예방할 수 있다. 5. 화재예방지침에 따라 퇴근 시에는 전기·가스 시설의 차단 및 점검을 의무화할 수 있다.
		3. 도구 · 장비안전 준수하기	1. 도구 및 장비 안전지침에 따라 절단 및 협착 위험 장비류 취급 시 주의사항을 준수할 수 있다. 2. 도구 및 장비 안전지침에 따라 화상 위험 장비류 취급시 주의사항을 준수할 수 있다. 3. 도구 및 장비 안전지침에 따라 적정한 수준의 조명과 환기를 유지할 수 있다. 4. 도구 및 장비 안전지침에 따라 작업장 내의 이물질, 습기를 제거하여, 미끄럼 및 오염을 방지할 수 있다. 5. 도구 및 장비 안전지침에 따라 설비의 고장, 문제점을 책임자와 협의, 조치할 수 있다.

떡제조기능사

실기 시험안내

실기시험 진행방법 및 유의사항

❶ 수험생은 시험 일자와 시험장소 · 시간을 확인한 후 수험표와 신분증을 반드시 지참하며 시험시작 20~30분 전에 수험자 대기실에 도착하여 안내요원의 안내를 받도록 한다.
(신분증을 지참하지 않거나 수험표의 사진이 본인이 아닐 경우에는 퇴실 조치 당할 수 있다)

❷ 위생복과 위생모, 앞치마를 단정히 착용한 후 안내 요원의 안내에 따라 수험표와 신분증을 확인하고 등번호를 받아 실기 시험장으로 입실한다.
(개인위생 즉, 시계, 반지 등의 액세서리 착용을 금지하고 손톱은 단정하게 다듬는다)

❸ 자신의 등번호가 있는 조리대로 가서 문제를 확인한 후 기구를 정리하며, 감독원의 지시에 따라 지급된 재료를 꼼꼼하게 확인한 후 시험을 시작한다.
(일단 시험이 시작되면 재료가 재지급되지 않으므로 시험 시작 전 모든 재료를 꼼꼼하게 확인하도록 한다)

❹ 반드시 제시된 과제(2가지)의 요구사항대로 작품을 만들어 등번호와 함께 제출한다.
(제한 시간을 반드시 준수하도록 한다)

❺ 완성된 작품은 시험장에서 제시된 그릇에 담아낸다.

❻ 완성된 작품 제출 후 조리대 정리정돈을 철저히 하도록 한다.

(정리정돈 미비 시 감점요인이 될 수 있다)

❼ 안전에 각별히 유의하도록 한다.

❽ 수험 도중 부정행위를 했을 경우 즉각 퇴실 조치 되며 2년 동안 시험응시가 제한될 수 있다.

◘ 수험생 준비물(공통)

수험표 & 신분증	수험생 본인에 필요한 수험표 및 신분증 [주민등록증, 운전면허증, 여권, 국가기술자격증, 복지카드] 등 ※인정하지 않는 신분증 학생증, 회사 사원증, 신용카드, 유효 기간이 만료된 여권 등
위생복, 위생모, 앞치마, 마스크	위생복, 위생모, 앞치마, 마스크는 깨끗하게 준비하고 특히 특정 교육기관 등 표시가 될 수 있는 표시(로고) 등은 테이프류를 이용하여 타인이 알아볼 수 없도록 조치한다.
바지 & 신발	조리에 적합한 바지나 안전화를 준비하도록 한다.

※ 지참 준비물의 경우 수험자가 필요시 추가 지참 가능하다.

◘ 떡 제조기능사 실기시험 준비물

연번	도구명	규격	단위	수량	연번	도구명	규격	단위	수량
1	가위	가정용	개	1	16	신발	작업화	족	1
2	계량스푼	-	세트	1	17	원형 틀	개피떡(바람떡) 제조용	개	1
3	계량컵	200mL	개	1	18	위생모	흰색	EA	1
4	나무젓가락	30~50cm 정도	세트	1	19	위생복	흰색(상하의)	벌	1
5	나무주걱	-	개	1	20	위생행주	면, 키친타월	EA	1
6	냄비	-	개	1	21	저울	조리용	대	1
7	뒤집개	-	개	1	22	절구	고물 제조용	EA	1
8	마스크	일반용	개	1	23	절굿공이	조리용	EA	1

9	면장갑	작업용	켤레	1	24	접시	조리용	EA	2
10	면포	30×30cm 정도	장	1	25	찜기	대나무 찜기, 외경 기준 지름 25×내경 기준 높이 7cm 정도 (오차범위±1cm)	SET	2
11	볼(bowl)	-	개	1	26	체	-	EA	1
12	비닐	50×50cm	개	1	27	체	-	EA	1
13	비닐장갑	조리용	켤레	5	28	칼	조리용	EA	1
14	솔	소형	개	1	29	키친페이퍼	-	EA	1
15	스크레이퍼	150mm 정도	개	1	30	프라이팬	-	EA	1

개인위생상태 및 안전관리 세부기준

순번	구분	세부기준	채점기준
1	위생복 상의	• 전체 흰색, 기관 및 성명 등의 표식이 없을 것 ·팔꿈치가 덮이는 길이 이상의 7부·9부·긴소매(수험자 필요에 따라 흰색 팔토시 가능) • 상의 여밈은 위생복에 부착된 것이어야 하며 벨크로(일명 찍찍이), 단추 등의 크기, 색상, 모양, 재질은 제한하지 않음(단, 금속성 부착물·뱃지, 핀 등은 금지) • 팔꿈치 길이보다 짧은 소매는 작업 안전상 금지 • 부직포, 비닐 등 화재에 취약한 재질 금지	• 미착용, 평상복(흰 티셔츠 등), 패션모자(흰털모자, 비니, 야구모자 등) → 실격 • 기준 부적합→위생 0점 - 식품 가공용이 아닌 경우(화재에 취약한 재질 및 실험복 형태의 영양사·실험용 가운은 위생 0점) - (일부)유색/표식이 가려지지 않은 경우 - 반바지·치마 등 - 위생모가 뚫려있어 머리카락이 보이거나, 수건 등으로 감싸 바느질 마감처리가 되어 있지 않고 풀어지기 쉬워 일반 식품가공 작업용으로 부적합한 경우 등
2	위생복 하의 (앞치마)	•「흰색 긴 바지 위생복」 또는 「(색상 무관) 평상복 긴 바지 + 흰색 앞치마」 - 흰색 앞치마 착용 시, 앞치마 길이는 무릎 아래까지 덮이는 길이일 것 - 평상복 긴 바지의 색상·재질은 제한이 없으나, 부직포·비닐 등 화재에 취약한 재질이 아닐 것 - 반바지·치마·폭넓은 바지 등 안전과 작업에 방해가 되는 복장은 금지	

3	위생모	• 전체 흰색, 기관 및 성명 등의 표식이 없을 것 • 빈틈이 없고, 일반 식품가공 시 통용되는 위생모 (크기, 길이, 재질은 제한 없음) - 흰색 머릿수건(손수건)은 머리카락 및 이물에 의한 오염 방지를 위해 착용 금지	- 위생복의 개인 표식(이름, 소속)은 테이프로 가릴 것 - 조리 도구에 이물질(예, 테이프) 부착 금지
4	마스크	• 침액 오염 방지용으로, 종류는 제한하지 않음 (단, 감염병예방법에 따라 마스크 착용 의무화 기간에는'투명 위생 플라스틱 입가리개'는 마스크 착용으로 인정하지 않음)	• 미착용→실격
5	작업화	• 색상 무관, 기관 및 성명 등의 표식 없을 것 • 조리화, 위생화, 작업화, 운동화 등 가능 (단, 발가락, 발등, 발뒤꿈치가 모두 덮일 것) • 미끄러짐 및 화상의 위험이 있는 슬리퍼류, 작업에 방해가 되는 굽이 높은 구두, 속 굽 있는 운동화 금지	• 기준 부적합→위생 0점
6	장신구	• 일체의 개인용 장신구 착용 금지 (단, 위생모 고정을 위한 머리핀은 허용) • 손목시계, 반지, 귀걸이, 목걸이, 팔찌 등 이물, 교차오염 등의 식품위생 위해 장신구는 착용하지 않을 것	• 기준 부적합→위생 0점
7	두발	• 단정하고 청결할 것, 머리카락이 길 경우 흘러내리지 않도록 머리망을 착용하거나 묶을 것	• 기준 부적합→위생 0점
8	손/손톱	• 손에 상처가 없어야 하나, 상처가 있을 경우 보이지 않도록 할 것(시험위원 확인 하에 추가 조치 가능) • 손톱은 길지 않고 청결하며 매니큐어, 인조손톱 등을 부착하지 않을 것	• 기준 부적합→위생 0점
9	위생 관리	• 재료, 조리기구 등 조리에 사용되는 모든 것은 위생적으로 처리하여야 하며, 식품 가공용으로 적합한 것일 것	• 기준 부적합→위생 0점
10	안전사고 발생처리	• 칼 사용(손 벰) 등으로 안전사고 발생 시 응급조치를 하여야 하며, 응급조치에도 지혈이 되지 않을 경우 시험 진행 불가	

※ 일반적인 개인위생, 식품위생, 작업장 위생, 안전관리를 준수하지 않을 경우 감점처리 될 수 있습니다.
※ 위생복, 위생모, 앞치마 미착용 시 채점대상에서 제외되며 개인위생, 조리도구 등 시험장 내 모든 개인물품에는 기관 및 성명 등의 표시가 없어야 한다.

수험자 유의사항(공통)

❶ 항목별 배점은 [정리정돈 및 개인위생 14점], [각 과제별 43점씩×2가지=총 86점]이며, 요구사항 외의 제조 방법 및 채점기준은 비공개입니다.

❷ 시험시간은 재료 전처리 및 계량시간, 정리정돈 등 모든 작업과정이 포함된 시간입니다(시험시간 종료 시까지 작업대 정리를 완료).

❸ 수험자 인적사항은 검은색 필기구만 사용하여야 합니다. 그 외 연필류, 유색 필기구, 지워지는 펜 등은 사용이 금지됨.

❹ 시험 전 과정 위생수칙을 준수하고 안전사고 예방에 유의합니다.

> • 시작 전 간단한 가벼운 몸 풀기(스트레칭) 운동을 실시한 후 시험을 시작하십시오.
> • 위생복장의 상태 및 개인위생(장신구, 두발·손톱의 청결 상태, 손 씻기 등)의 불량 및 정리 정돈 미흡 시 실격 또는 위생항목 감점처리 됩니다.

❺ 작품채점(외부평가, 내부평가 등)은 작품 제출 후 채점됨을 참고합니다.

❻ 수험자는 제조 과정 중 맛을 보지 않습니다(맛을 보는 경우 위생 부분 감점).

❼ 요구사항의 수량을 준수합니다(요구사항 무게 전량/과제별 최소 제출 수량 준수).

- 「지급재료목록 수량」은 「요구사항 정량」에 여유량이 더해진 양입니다.
- 수험자는 시험 시작 후 저울을 사용하여 요구사항대로 정량을 계량합니다.
  (계량하지 않고 지급재료 전체를 사용하여 크기 및 수량이 초과될 경우는 "재료 준비 및 계량항목"과 "제품평가" 0점 처리).
- 계량은 하였으나, 제출용 떡 제품에 사용해야 할 떡반죽(쌀가루 포함)이나 부재료를 사용하지 않고 지나치게 많이 남기는 경우, 요구사항의 수량에 미달될 경우는 "제품평가" 0점 처리
- 단, 찜기의 용량을 초과하여 반죽을 남기는 경우는 제외하며, 용량 초과로 떡반죽(쌀가루 포함) 및 부재료를 남기는 경우는 찜기에 반죽을 넣은 후 손을 들어 남은 떡 반죽과 재료에 대해서 감독 위원에게 확인을 받아야 함

❽ 타이머를 포함한 시계 지참은 가능하나, 아래 사항을 주의합니다.

- 다른 수험생에게 피해가 가지 않도록 알람 소리, 진동 사용을 제한
- 손목시계를 착용하는 것은 이물 및 교차오염 방지를 위해 착용을 제한(착용 시 감점)

❾ 요구사항에 명시된 도구 외 "몰드, 틀" 등과 같은 기능 평가에 영향을 미치는 도구는 사용을 금합니다(사용 시 감점).

- 쟁반, 그릇 등을 변칙적으로 몰드 용도로 사용하는 경우는 감점

❿ 찜기를 포함한 지참준비물이 부적합할 경우는 수험자의 귀책사유이며, 찜기가 지나치게 커서 시험장 가스레인지 사용이 불가할 경우는 가스 안전상 사용에 제한이 있을 수 있습니다.

⓫ 의문 사항은 손을 들어 문의하고 그 지시에 따릅니다.

⓬ 다음 사항은 실격에 해당하여 채점 대상에서 제외됩니다.

가) 수험자 본인이 수험 도중 시험에 대한 포기 의사를 표현하는 경우
나) 위생복 상의, 위생복 하의(또는 앞치마), 위생모, 마스크 중 1개라도 착용하지 않은 경우
다) 시험시간 내에 2가지 작품 모두를 지정장소에 제출하지 못한 경우
라) 모양, 제조방법(찌기를 삶기로 하는 등)을 준수하지 않았을 경우
마) 상품성이 없을 정도로 타거나 익지 않은 경우 (제품 가운데 부분의 쌀가루가 익지 않아 생쌀가루 맛이 나는 경우, 익지 않아 형태가 부서지는 경우)
※ 찜기 가장자리에 묻어나오는 쌀가루 상태는 채점대상이 아니며, 콩의 익은 정도는 감점 대상(실격 대상 아님)
바) 지급된 재료 이외의 재료를 사용한 경우(재료 혼용과 같이 해당 과제 외 다른 과제에 필요한 재료를 사용한 경우도 포함)
※ 기름류는 실격처리가 아닌 감점 처리이므로 지급재료목록을 확인하여 기름류 사용에 유의
(단, 떡 반죽 재료 또는 떡 기름칠 용도로 직접적으로 사용하지 않고 손에 반죽 묻힘 방지용으로는 사용 가능)
사) 시험 중 시설·장비의 조작 또는 재료의 취급이 미숙하여 위해를 일으킬 것으로 감독위원 전원이 합의하여 판단한 경우

콩설기떡

설기떡은 '무리떡'이라고도 부르며 고물 없이 쌀가루에 콩이나 팥, 쑥, 밤, 대추, 감 등 두류나 건과를 부재료로 하여 찌는 떡으로 재료에 따라 콩설기, 쑥설기, 잡과병 등이 있으며 떡의 종류에서 가장 기본이 되는 떡이다.

◈ 요구사항

※ 지급된 재료와 시설을 사용하여 콩설기떡을 만들어 제출하시오.

❶ 떡 제조 시 물의 양은 적정량으로 혼합하여 제조하시오.
(단, 쌀가루는 물에 불려 소금 간 하지 않고 2회 빻은 멥쌀가루이다)
❷ 불린 서리태를 삶거나 쪄서 사용하시오.
❸ 서리태의 ½ 정도는 바닥에 골고루 펴 넣으시오.
❹ 서리태의 나머지 ½ 정도는 멥쌀가루와 골고루 혼합하여 찜기에 안치시오.
❺ 찜기에 안친 후 물솥에 얹어 찌시오.
❻ 서리태를 바닥에 골고루 펴 넣은 면이 위로 오도록 그릇에 담고, 썰지 않은 상태로 전량 제출하시오.

재료명	비율(%)	무게(g)
멥쌀가루	100	700
설탕	10	70
소금	1	7
물	-	적정량
불린 서리태	-	160

◉ 재료 & 분량

멥쌀가루(멥쌀을 5시간 정도 불려 빻은 것) 700g, 설탕(정백당) 70g, 소금(정제염) 7g, 서리태[하룻밤 불린 서리태(겨울 10시간, 여름 6시간 이상)] 160g

◉ 만드는 법

1 불린 서리태(160g)는 분량의 물(2~3배)이 끓으면 콩을 넣고 15분 정도 삶아 체에 밭친 후 키친타월(소창)을 이용하여 수분을 제거하고, 물솥에 설기떡을 찔 물을 새로 받아 끓인다.

2 멥쌀가루(700g)는 손으로 여러 번 비빈 후 소금 7g을 넣고 2~3번 비빈 후 물(120~130g) 정도를 넣고 고루 비벼 물 주기 작업을 한다.

3 2의 물 주기한 쌀가루를 가볍게 주먹 쥐어서 2~3번 정도 툭툭 던졌을 때 부서지지 않으면 수분 주기가 적합하므로 쌀 체에 2번 내린 후 분량의 설탕(70g)을 훌훌 섞어준다.

4 대나무 찜기에 실리콘 패드를 올린 다음 삶아둔 1의 콩을 ½ 정도 고루 깔아준다.

5 4의 콩 위에 쌀가루 100g을 얇게 깔아주고 남겨 둔 ½의 콩과 여분의 쌀가루를 고루 섞어 찜기에 담고 스크레이퍼로 평평하게 펴 준다.

6 5의 찜기에 안친 쌀가루를 김이 오른 찜통에 올려 강불에서 20분 찌고 약불에서 5분 뜸을 들인 후 접시에 담아낸다.

1

2

3

4

Cooking Advice

* 지급재료를 요구사항에 맞춰서 계량 후 사용한다. (쌀가루는 완성품의 10% 더 지급된다)
* 쌀가루 물 주기 할 때 수분을 많이 주면 떡이 질게 되고 적게 주면 떡이 익지 않아 부스러기가 생기게 되므로 유의한다.
* 쌀가루에 설탕을 넣을 때는 소금을 넣고 체에 내린 후 물 주기를 한 후 다시 체에 내려 마지막에 설탕을 넣고 쳐야 떡의 질감이 부드럽고 폭신하다.
* 서리태는 15분 정도는 익혀야 날콩 냄새가 나지 않는다.
* **시험장 지급재료 목록**: 멥쌀가루(멥쌀을 5시간 정도 불려 빻은 것) 770g, 설탕(정백당) 100g, 소금(정제염) 10g, 서리태[하룻밤 불린 서리태(겨울 10시간, 여름 6시간 이상)] 170g

부꾸미

곡물가루(찹쌀, 차수수, 녹두 등)를 뜨거운 물에 익반죽하여 팥이나 기타 앙금을 넣고 반달 모양으로 납작하게 빚어 기름에 지진 떡으로 그냥 먹기도 하지만 '웃기'로 많이 사용되는 떡이다.

* 웃기: 접시에 주(主)가 되는 떡을 담고, 그 위에 모양을 내기 위해 얹는 작고 예쁜 떡

◉ 요구사항

※ 지급된 재료와 시설을 사용하여 부꾸미를 만들어 제출하시오.

❶ 떡 제조 시 물의 양은 적정량으로 혼합하여 반죽을 하시오.
(단, 쌀가루는 물에 불려 소금 간 하지 않고 1회 빻은 찹쌀가루이다)

❷ 찹쌀가루는 익반죽하시오.

❸ 떡 반죽은 직경 6cm로 빚은 후 지져 팥앙금을 소로 넣어 반으로 접으시오. (◠)

❹ 대추와 쑥갓을 고명으로 사용하고 설탕을 뿌린 접시에 부꾸미를 담으시오.

❺ 부꾸미는 12개 이상으로 제조하여 전량 제출하시오.

재료명	비율(%)	무게(g)
찹쌀가루	100	200
백설탕	15	30
소금	1	2
물	-	적정량
팥앙금	-	100
대추	-	3(개)
쑥갓	-	20
식용유	-	20mL

◉ 재료 & 분량

찹쌀가루(찹쌀을 5시간 정도 불려 빻은 것) 200g, 설탕(정백당) 30g, 소금(정제염) 2g, 팥앙금(고운 적팥앙금) 100g, 대추[(중) 마른 것] 3개, 쑥갓 20g, 식용유 20mL

◉ 만드는 법

1 냄비에 물을 올려 익반죽용 물을 끓이면서 분량의 재료를 요구사항에 맞게 계량해둔다.

2 찹쌀가루(200g)에 소금(2g)을 넣고 비벼 체에 내린 후 끓는 물(60~65g)을 넣고 익반죽한 다음 비닐봉지에 넣어 20~30분 정도 숙성한다.

Tip 익반죽할 때 찹쌀가루의 수분함량에 따라 뜨거운 물을 조금씩 넣어가며 반죽한다. 반죽은 부드럽고 살짝 끈적이는 상태가 좋다.

3 대추는 젖은 면포로 깨끗하게 닦은 후 돌려 깎아 씨를 제거한 뒤 밀대로 밀어 평평하게 한 후 돌돌 말아 썬다. (12개 이상) 쑥갓은 씻어 찬물에 담가 싱싱함을 살린 후 물기를 제거하고 12~24장 정도의 작은 잎으로 준비해 둔다. (젖은 소창을 덮어둔다)

4 팥앙금은 7~8g 정도로 계량한 후 원형으로 빚어 두고, 숙성된 찹쌀반죽을 20g 정도로 12등분 분할한 후 직경 6cm 정도로 성형한다.

Tip 이때 갈라지는 부분이 생기지 않도록 유의한다.

5 4의 반죽을 지지기 전 완성접시와 식힐 접시에 약간의 설탕을 뿌려둔다.

Tip 설탕을 뿌리지 않으면 달라붙을 우려가 있다.

6 팬을 달군 후 약한 불에서 식용유를 두르고 성형한 반죽을 4~5개를 올린 후 면이 투명해질 때까지 익혀준 후 뒤집어 양면이 익으면 불을 끄고 가운데 팥소를 가운데 올려 넣고 반으로 접는다.

7 대추와 쑥갓을 올린 다음 설탕을 뿌려둔 완성접시에 부꾸미를 담아낸다.

Cooking Advice

- 반죽할 때 최대한 많이 치대어 반죽을 부드럽게 하도록 한다.
- 쑥갓은 손질 후 마르지 않도록 젖은 면포에 감싸서 보관한다.
- 팬에 지질 때 반죽이 서로 가까이 있으면 익으면서 붙을 수 있으므로 주의한다.
- 완성접시에 담을 때도 서로 달라붙지 않도록 설탕을 뿌린 후 담는다.
- **시험장 지급재료 목록**: 찹쌀가루(찹쌀을 5시간 정도 불려 빻은 것) 220g, 설탕(정백당) 40g, 소금(정제염) 10g, 팥앙금(고운 적팥앙금) 110g, 대추[(중) 마른 것] 3개, 쑥갓 20g, 식용유 20mL

송편

멥쌀가루를 익반죽하고 소(깨, 콩, 팥)를 넣어 반달 모양으로 빚어서 솔잎을 깔고 찐 떡으로 솔잎의 향이 일품이다. 『동국세시기』에 의하면 정월 보름날 가정마다 준비해둔 곡식의 이삭을 중화절(中和節)에 송편으로 만들어 노비에게 나이 수대로 나누어 주는 풍속에서 '나이 떡'이라 불렀으며 근래에는 팔월 추석에 햅쌀로 송편을 빚어 차례를 지내는 풍습이 일반화되었다.

◈ 요구사항

※ 지급된 재료와 시설을 사용하여 송편을 만들어 제출하시오.

❶ 떡 제조 시 물의 양은 적정량으로 혼합하여 제조하시오.
(단, 쌀가루는 물에 불려 소금 간 하지 않고 2회 빻은 멥쌀가루이다)
❷ 불린 서리태는 삶아서 송편 소로 사용하시오.
❸ 떡 반죽과 송편 소는 4:1~3:1 정도의 비율로 제조하시오.
(송편 소가 ¼~⅓ 정도 포함되어야 함)
❹ 쌀가루는 익반죽하시오.
❺ 송편은 완성된 상태가 길이 5cm, 높이 3cm 정도의 반달송편 모양( )이 되도록 오므려 집어 송편 모양을 만들고 12개 이상으로 제조하여 전량 제출하시오.
❻ 송편을 찜기에 쪄서 참기름을 발라 제출하시오.

재료명	비율(%)	무게(g)
멥쌀가루	100	200
소금	1	2
물	-	적정량
불린 서리태	-	70
참기름	-	적정량

◈ 재료 & 분량

멥쌀가루(멥쌀을 5시간 정도 불려 빻은 것) 200g, 소금(정제염) 2g, 서리태[하룻밤 불린 서리태(겨울 10시간, 여름 6시간 이상)] 70g, 참기름 적당량

◈ 만드는 법

1 콩을 삶을 물과 익반죽할 물을 끓이고 멥쌀가루에 소금 2g을 넣고 비빈 후 체에 내려 준비한다.

2 익반죽할 뜨거운 물을 분리(120g)하고 나머지 끓는 물에 서리태를 15분 정도 삶은 후 체에 밭쳐 수분을 제거한다.

3 체에 내린 쌀가루에 뜨거운 물을 조금씩 넣어가며 익반죽한 다음 비닐봉지에 싸서 20~30분 정도 숙성한다.

Tip 이때 많이 치대어 주어야 반죽이 부드러워지며, 물의 양은 쌀가루 200g 기준 120~130g 정도가 적당하다. 그러나 반죽 시 물의 양은 쌀가루의 수분 함량에 따라 달라지므로 한 번에 넣지 않고 조금씩 넣으며 물의 양을 조절한다.

4 숙성된 반죽은 20g씩 12개 이상 분할한다.

5 대나무 찜기에 실리콘 패드를 깔고 반죽에 서리태(5알)를 소로 넣어 높이 3cm, 길이 5cm 정도의 크기로 송편을 빚어 찜기에 담는다.

6 김이 오른 찜솥에 5를 올려 강한 불에서 20분 정도 찐 후 뜸 들이는 작업 없이 살짝 식혀 참기름을 발라 접시에 예쁘게 담아낸다.

1

2

3

4

5

Cooking Advice

* 익반죽이란 뜨거운 물로 반죽하는 것을 말하며 익반죽했을 때 반죽에 점성이 생기고 잘 뭉쳐지며 쫄깃한 식감을 얻을 수 있다.
* **시험장 지급재료 목록**: 멥쌀가루(멥쌀을 5시간 정도 불려 빻은 것) 220g, 소금(정제염) 5g, 서리태[하룻밤 불린 서리태(겨울 10시간, 여름 6시간 이상)] 80g, 참기름 15mL

쇠머리떡

찹쌀가루에 밤, 대추, 곶감 등의 과일과 콩을 이용해서 쪄낸 찰무리 떡으로 얇게 썰어 생김새가 마치 쇠머리 편육과 비슷하다 해서 쇠머리떡이라고 한다. 다른 말로는 '모듬백이'라 부르기도 하며 여러 가지의 곡식과 과일을 주로 이용하는 가을철 대표적인 떡이다.

◉ 요구사항

※ 지급된 재료와 시설을 사용하여 쇠머리떡을 만들어 제출하시오.

❶ 떡 제조 시 물의 양은 적정량으로 혼합하여 제조하시오.
(단, 쌀가루는 물에 불려 소금 간 하지 않고 1회 빻은 찹쌀가루이다)
❷ 불린 서리태는 삶거나 쪄서 사용하고, 호박고지는 물에 불려서 사용하시오.
❸ 밤, 대추, 호박고지는 적당한 크기로 잘라서 사용하시오.
❹ 부재료를 쌀가루와 잘 섞어 혼합한 후 찜기에 안치시오.
❺ 찜기를 물솥에 얹어 찌시오.
❻ 완성된 쇠머리떡은 15×15cm 정도의 사각형 모양으로 만들어 자르지 말고 전량 제출하시오.
❼ 찌는 찰떡류로 제조하며, 지나치게 물을 많이 넣어 치지 않도록 주의하여 제조하시오.

재료명	비율(%)	무게(g)
찹쌀가루	100	500
설탕	10	50
소금	1	5
물	–	적정량
불린 서리태	–	100
대추	–	5(개)
깐밤	–	5(개)
마른 호박고지	–	20
식용유	–	적정량

◉ 재료 & 분량

찹쌀가루(찹쌀을 5시간 정도 불려 빻은 것) 550g, 설탕(정백당) 50g, 서리태[하룻밤 불린 서리태(겨울 10시간, 여름 6시간 이상)] 100g, 대추 5개, 밤(겉껍질, 속껍질 제거한 밤) 5개, 마른 호박고지[늙은 호박(또는 단호박)을 썰어서 말린 것) 20g, 소금(정제염) 5g, 식용유 적정량

◉ 만드는 법

1 호박고지를 불릴 물과 서리태 삶을 물을 미리 냄비에 올려 준비한다.

2 요구사항에 제시된 배합표를 참고하여 재료를 계량한다.

3 호박고지는 미지근한 물에 불리고 서리태는 15분 정도 삶아 체에 밭쳐 물기를 제거해 둔다.

4 대추는 깨끗하게 손질한 후 돌려깎기 하여 씨를 제거한 후 손톱만 한 크기로 잘라주고, 밤도 대추 크기로 잘라준다.

5 찹쌀가루는 소금을 넣고 물 30g을 넣어 물 주기 작업을 한다.

Tip 이때 손으로 비벼가며 덩어리지지 않도록 유의하며, 반죽을 살짝 주먹 쥐어 가볍게 툭툭 털어서 부서지지 않으면 된다.

6 물 주기한 찹쌀가루는 쌀 체에 한 번 내리고, 설탕을 섞어준다. 불려둔 호박고지는 물기를 제거한 후 1~2cm 길이로 썰어 둔다.

7 6의 찹쌀가루에 준비해둔 서리태와 밤, 대추, 호박고지를 넣어 고루 섞어준다.

8 대나무 찜기에 젖은 면포를 깔고 설탕을 약간 뿌린 후 준비해둔 7의 쌀가루를 주먹 쥐기 하여 안친다. 찜기의 가운데 부분에 증기가 잘 올라올 수 있도록 구멍을 내어 김이 오른 찜솥에서 강불로 25분 찐다. (강불에서 25분간 쪘는데도 익지 않은 부분이 있으면 물을 뿌려 5분 정도 더 쪄서 익혀준다)

9 떡 비닐에 식용유를 바르고 떡을 쏟아 접어가며 15cm의 정사각형 모양을 만들어 제출 접시에 식용유를 발라 비닐을 제거하고 담아낸다.

Cooking Advice

* 젖은 면포에 설탕을 뿌린 후 쌀가루를 안치면 쌀가루가 면포에 붙지 않아 좋다.
* 찹쌀가루를 주먹 쥐어 안치는 이유는 찹쌀가루는 익으면 퍼지는 특성이 있어 증기가 골고루 올라올 수 있도록 공간을 만들어주기 위함이다.
* **시험장 지급재료 목록**: 찹쌀가루(찹쌀을 5시간 정도 불려 빻은 것) 550g, 설탕(정백당) 60g, 서리태[하룻밤 불린 서리태(겨울 10시간, 여름 6시간 이상)] 110g, 대추 5개, 밤(겉껍질, 속껍질 제거한 밤) 5개, 마른 호박고지[늙은 호박(또는 단호박)을 썰어서 말린 것) 25g, 소금(정제염) 7g, 식용유 15mL

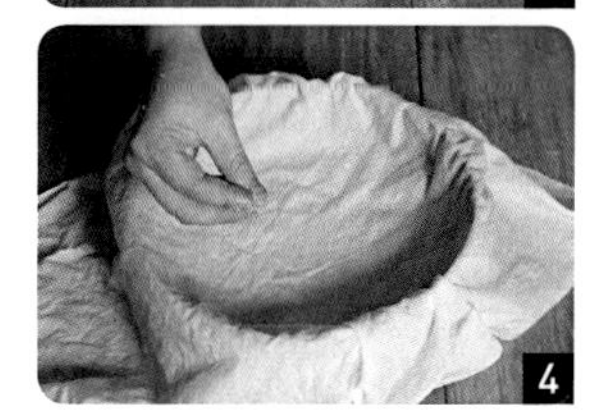

무지개떡

쌀가루에 여러 가지 색깔을 넣어서 시루에 찐 떡으로 백설기와 비교했을 때 식감과 맛이 비슷하지만, 백설기보다 화려해서 잔칫상에 많이 쓰인다. 무지개떡에 사용하는 착색 재료로는 쑥가루, 녹차가루, 석이버섯가루, 치자 물, 백련초 가루 등이 사용된다.

요구사항

※ 지급된 재료와 시설을 사용하여 무지개떡(삼색)을 만들어 제출하시오.

❶ 떡 제조 시 물의 양은 적정량으로 혼합하여 제조하시오.
(단, 쌀가루는 물에 불려 소금 간 하지 않고 2회 빻은 멥쌀가루이다)

❷ 삼색의 구분이 뚜렷하고 두께가 같도록 떡을 안치고 8등분으로 칼금을 넣으시오.

❸ 대추와 잣을 흰 쌀가루에 고명으로 올려 찌시오. (잣은 반으로 쪼개어 비늘 잣으로 만들어 사용하시오)

❹ 고명이 위로 올라오게 담아 전량 제출하시오.

흰쌀가루
치자쌀가루
쑥가루

삼색 구분 및 **두께를 균등**하게 하시오.

칼금을 **8등분** 하시오.

재료명	비율(%)	무게(g)
멥쌀가루	100	750
설탕	10	75
소금	1	8
물	-	적정량
치자	-	1(개)
쑥가루	-	3
대추	-	3(개)
잣	-	2

◉ 재료 & 분량

멥쌀가루(멥쌀을 5시간 정도 불려 빻은 것) 750g, 설탕(정백당) 75g, 소금(정제염) 8g, 치자(말린 것) 1개, 쑥가루(말려 빻은 것) 3g, 대추[(중) 마른 것] 3개, 잣(약 20개 정도, 속껍질 벗긴 통잣) 2g

◉ 만드는 법

1 치자 우릴 물을 끓이면서 배합표를 참고하여 재료를 계량한다.

2 치자는 잘게 부숴서 미지근한 물에 담가 색을 우려낸다.

3 찜솥에 물을 채워 끓이면서 재료를 준비한다.

4 잣은 세로로 잘라 비늘 잣으로 준비하고 대추는 돌려깎기 하여 씨를 제거하고 밀대로 밀어 평평하게 준비한 후 돌돌 말아 편 썰어 둔다.

5 전체 쌀가루에 소금 8g을 넣고 비빈 후 250g씩 3분할하여 흰색, 치자색, 쑥색 순으로 물 주기 작업을 한다.

6 쌀가루 물 주기

흰색 쌀가루 물 주기 쌀가루 ⅓에 물 40g을 물 주기 작업 한 후 체에 2번 내려 준비한다. (물 주기 작업 시 손으로 충분히 비벼준 후 체에 내려 주먹 쥐기 하여 가볍게 툭툭 털어 부서지지 않으면 물 주기가 잘된 것이다)

치자색 쌀가루 물 주기 치자 우린 물은 면포에 먼저 거르고 쌀가루 ⅓에 40g을 물 주기 작업을 한 후 체에 2번 내려 준비한다. (물 주기 작업 시 손으로 충분히 비벼준 후 체에 내려 주먹 쥐기 하여 가볍게 툭툭 털어 부서지지 않으면 물 주기가 잘된 것이다)

쑥색 쌀가루 물 주기 쌀가루 ⅓에 쑥가루와 물 40g을 물 주기 작업을 한 후 체에 2번 내려 준비한다. (물 주기 작업 시 손으로 충분히 비비고 체에 내려 주먹 쥐기 한 후에 가볍게 툭툭 털어 부서지지 않으면 물 주기가 잘된 것이다)

7 쌀가루에 물 주기와 색 들이기가 끝나면 각각의 쌀가루에 25g의 설탕을 넣고 고루 섞어 면포나 실리콘 패드를 깐 찜기에 그림과 같은 쑥 쌀가루를 맨 아래로 깔고 순서대로 안친다.

Tip 이때 각각의 색이 접하는 면에 스크레이퍼를 이용하여 평평하게 균형을 잡아준다.

8 쌀가루를 모두 넣고 8등분으로 칼금을 낸 후 준비해둔 대추와 잣을 고명으로 올려 센 불에서 20분 정도 찐 후 약불에 5분 뜸을 들인 후 접시에 담아낸다.

Tip 접시에 담을 때에는 떡을 쪄서 한 김이 나간 후 고명을 올린 면이 위로 오도록 그릇에 담아낸다.

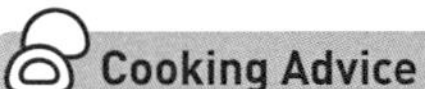

* 쌀가루를 찜기에 안쳐서 찔 때는 쌀가루가 겹쳐 있으므로 간혹 증기가 잘 통하지 않는 경우가 있으므로 증기에 안친 후 5분 정도 후에 증기가 잘 올라오는지 반드시 확인해야 한다.
* **시험장 지급재료 목록**: 멥쌀가루(멥쌀을 5시간 정도 불려 빻은 것) 800g, 설탕(정백당) 100g, 소금(정제염) 10g, 치자(말린 것) 1개, 쑥가루(말려 빻은 것) 3g, 대추[(중) 마른 것] 3개, 잣(약 20개 정도, 속껍질 벗긴 통잣) 2g

경단

곡물 가루(찹쌀, 수수)를 이용해 만든 떡으로, 곡물 가루를 익반죽하여 밤톨만 한 크기로 둥글게 빚어 끓는 물에 삶아 낸 후, 건져 고물을 묻히거나 꿀이나 물엿을 발라 만든다. 지역에 따라 각색경단(서울/경기), 꿀물경단(황해도), 감자경단(강원도), 고구마경단(경상도), 곶감경단(밀양) 등 종류가 매우 다양하다.

◉ 요구사항

※ 지급된 재료와 시설을 사용하여 경단을 만들어 제출하시오.

❶ 떡 제조 시 물의 양은 적정량으로 혼합하여 반죽을 하시오.
(단, 쌀가루는 물에 불려 소금 간 하지 않고 1회 빻은 찹쌀가루이다)
❷ 찹쌀가루는 익반죽하시오.
❸ 직경 2.5~3cm 정도의 일정한 크기로 20개 이상 만드시오.
❹ 경단은 삶은 후 고물로 콩가루를 묻히시오.
❺ 완성된 경단은 전량 제출하시오

재료명	비율(%)	무게(g)
찹쌀가루	100	200
소금	1	2
물	–	적정량
볶은 콩가루	–	50

◈ 재료 & 분량

찹쌀가루(찹쌀을 5시간 정도 불려 빻은 것) 220g, 소금(정제염) 2g, 콩가루(볶은 콩가루, 인절미용) 60g

◈ 만드는 법

1 냄비에 익반죽할 물을 끓이고 찹쌀가루에 소금을 넣어 체에 내려 준비한다.

1

2 물이 끓으면 체에 내린 찹쌀가루에 끓는 물(60~65g)을 넣고 익반죽하여 비닐봉지에 넣어 숙성한다.

Tip 물은 한 번에 넣지 말고 조금씩 넣어가며 반죽한다.

2

3 반죽이 숙성되면 반죽을 12씩 20개로 분할하여 직경 2.5~3cm 정도로 동그랗게 빚는다.

Tip 반죽을 빚는 동안 경단 삶을 물을 불에 올려 준비한다.[

3

4 경단을 끓는 물에 넣어 삶은 다음, 건져서 찬물에 헹군 뒤 물기를 뺀다.

Tip 경단을 삶을 때 냄비에 붙지 않도록 저어준 후 끓어 오르면 찬물을 2번 부어 경단을 익힌 후 빠르게 찬물에 식혀준다.

4

5 물기를 뺀 경단을 콩고물 위에 놓고 콩고물을 묻혀 낸다.

Tip 콩고물은 체에 한 번 내려 사용한다.

5

Cooking Advice

* 색색의 경단을 만들 경우는 노란 콩고물, 푸른 콩고물, 흑임자고물, 붉은팥고물, 거피팥고물 등의 고물을 사용한다.
* 경단을 찬물에 식히는 이유는 경단이 퍼지는 것을 방지하기 위함이다.
* **시험장 지급재료 목록**: 찹쌀가루(찹쌀을 5시간 정도 불려 빻은 것) 220g, 소금(정제염) 10g, 콩가루(볶은 콩가루, 인절미용) 60g

백편

찐 떡(甑餠, 증병)에 속하며 멥쌀가루에 설탕을 넣어 대추채·밤채·석이버섯채·실백 등으로 고명을 얹어 찐 떡이다. 1800년대 말의 조리서인 『시의전서(是議全書)』에 처음 등장하며 혼례나 회갑연, 제례 등 잔치 때 많이 사용한다.

요구사항

※ 지급된 재료와 시설을 사용하여 백편을 만들어 제출하시오.

❶ 떡 제조 시 물의 양은 적정량으로 혼합하여 제조하시오.
(단, 쌀가루는 물에 불려 소금 간 하지 않고 2회 빻은 멥쌀가루이다)
❷ 밤, 대추는 곱게 채 썰어 사용하고 잣은 반으로 쪼개어 비늘 잣으로 만들어 사용하시오.
❸ 쌀가루를 찜기에 안치고 윗면에만 밤, 대추, 잣을 고물로 올려 찌시오.
❹ 고물을 올린 면이 위로 오도록 그릇에 담고 썰지 않은 상태로 전량 제출하시오.

재료명	비율(%)	무게(g)
멥쌀가루	100	500
설탕	10	50
소금	1	5
물	-	적정량
깐 밤	-	3(개)
대추	-	5(개)
잣	-	2

◉ 재료 & 분량

멥쌀가루(멥쌀을 5시간 정도 불려 빻은 것) 550g, 설탕(정백당) 50g, 소금(정제염) 5g, 밤(껍질 깐 것) 3개, 대추[(중) 마른 것] 5개, 잣[약 20개 정도(속껍질 벗긴 통잣)] 2g

◉ 만드는 법

1 물솥에 물을 올리고 재료 분리 및 배합표를 참고해서 재료를 계량한다.

2 계량이 끝나면 재료 손질을 한다. 잣은 고깔을 제거하고, 세로로 반을 갈라 비늘잣을 만든다.

3 대추는 돌려깎기 하여 씨를 제거하고 밀대로 밀어 평평하게 한 후 곱게 채 썰어 준비한다.

4 밤도 대추와 동일하게 채 썰어 준비한 후 밤 채와 대추채, 비늘잣을 합해 섞어 둔다.

5 계량한 쌀가루에 소금과 물 100g을 넣어 물 주기를 한 후 쌀 체에 2번 내려준다.

Tip 이때 쌀가루를 주먹 쥐어 가볍게 툭툭 털어서 부서지지 않으면 물 주기가 잘된 것이다.

6 체에 다시 한번 내린 후 계량한 설탕을 넣고 고루 섞어 준다.

7 시루에 면포나 실리콘 패드를 넣고 6의 쌀가루를 안친 후 스크레이퍼를 이용해 윗부분을 고르게 정리한다. 준비한 고명(밤채, 대추채, 비늘잣)을 보기 좋게 얹고 김이 오른 찜솥에 시루를 올려 센 불에서 20분 찐 후 약불에 5분 뜸을 들인다.

8 고명이 위로 올리오게 하여 완성접시에 담아낸다.

Cooking Advice

* 밤은 갈변되지 않게 설탕물에 담가 수분을 제거하고 사용하고 대추는 최대한 곱게 썰어야 모양이 예쁘다.
* 완성작이 부서지거나 갈라지지 않아야 한다.
* **시험장 지급재료 목록**: 멥쌀가루(멥쌀을 5시간 정도 불려 빻은 것) 550g, 설탕(정백당) 60g, 소금(정제염) 10g, 밤(겉껍질, 속껍질 벗긴 밤) 3개, 대추[(중) 마른 것] 5개, 잣[약 20개 정도(속껍질 벗긴 통잣)] 2g

인절미

치는 떡의 대표적인 떡으로 가루를 사용하는 여느 떡과는 달리 찹쌀을 깨끗이 씻어 불린 후 밥처럼 쪄서 떡메로 치거나 절구에 쳐서 모양을 만든 뒤 고물을 묻혀 만드는 떡이다. 인절미의 찰기는 신랑·신부의 금술을 나타내므로 혼례에 많이 사용하며 소화가 잘되는 특징이 있다.

◈ 요구사항

※ 지급된 재료와 시설을 사용하여 인절미를 만들어 제출하시오.

❶ 떡 제조 시 물의 양은 적정량으로 혼합하여 제조하시오.
(단, 쌀가루는 물에 불려 소금 간 하지 않고 1회 빻은 찹쌀가루이다)

❷ 익힌 떡은 스테인리스 볼과 절굿공이(밀대)를 이용하여 소금물을 묻혀 치시오.

❸ 친 떡은 기름 바른 비닐에 넣어 두께 2cm 이상으로 성형하여 식히시오.

❹ 4×2×2cm 크기로 인절미를 24개 이상 제조하여 콩가루를 고물로 묻혀 전량 제출하시오.

재료명	비율(%)	무게(g)
찹쌀가루	100	500
설탕	10	50
소금	1	5
물	–	적정량
볶은 콩가루	12	60
식용유	–	5
소금물용 소금	–	5

◈ 재료 & 분량

찹쌀가루(찹쌀을 5시간 정도 불려 빻은 것) 550g, 설탕(정백당) 50g, 소금(정제염) 10g, 콩가루(볶은 콩가루) 60g, 식용유 15mL

◈ 만드는 법

1 물솥에 물을 올리고 재료분리 및 배합표를 참고해서 재료를 계량한다.

2 계량한 쌀가루에 소금(5g)과 물(30g)을 주어 체에 내린다.

Tip 이때 양손으로 쌀가루를 고루 비벼 덩어리지지 않게 한다.

3 체에 내린 쌀가루에 설탕 50g을 넣고 고루 섞어준다.

4 찜기에 젖은 면포를 깔고 여분의 설탕을 면포에 골고루 뿌린 후 쌀가루를 주먹 쥐기 하여 안친 후 센 불에서 25분 정도 찐다.

5 쌀가루가 익는 동안 떡 비닐과 미리 계량한 소금(3g)에 따뜻한 물 4T 정도를 넣고 소금물을 준비한다.

6 떡 비닐에는 식용유를 얇게 펴 발라 준비한다.

7 익힌 쌀가루는 스테인리스 볼에 넣고 방망이와 준비해둔 소금물을 발라가며 쳐준다.

Tip 스테인리스 볼에 먼저 약간의 소금물(2T 정도)을 넣고 익힌 쌀가루를 넣어 꽈리가 일도록 친다.

8 **7**의 떡이 완성되면 기름 바른 떡 비닐에 부어 가로 24cm, 세로 8cm, 두께 2cm 정도로 모양을 잡고 비닐 위에 젖은 면포를 덮어 식혀준다.

9 인절미가 충분히 식으며 콩고물을 묻혀 가면 스크레이퍼를 이용해 4×2×2cm 크기로 24개를 만들어 보기 좋게 담아낸다.

1

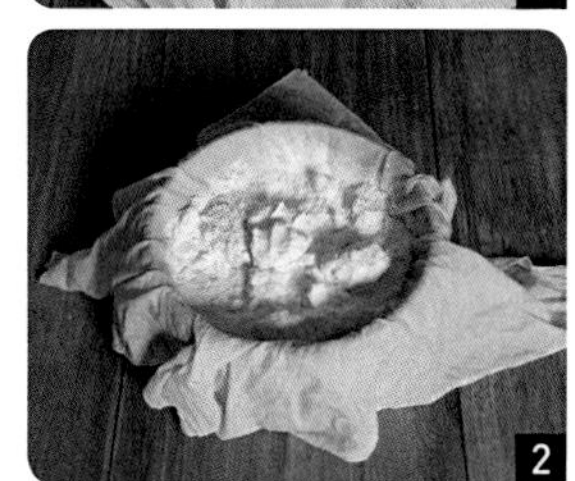

2

3

4

Cooking Advice

- 인절미를 만들 때 떡을 치는 이유는 덩어리지지 않고 매끈하게 하며 찰기를 부여하기 위함이며, 인절미 제조 시 소금물 양이 적으면 반죽의 탄력이 심해서 오그라들어 모양을 잡기가 어렵고 소금물이 많으면 퍼져서 모양을 잡기가 어려우므로 소금물의 양에 유의한다.
- '꽈리가 인다'라는 말은 익힌 쌀가루가 방망이에 붙어 늘어나는 것을 의미한다.
- **시험장 지급재료 목록**: 찹쌀가루(찹쌀을 5시간 정도 불려 빻은 것) 550g, 설탕(정백당) 60g, 소금(정제염) 10g, 콩가루(볶은 콩가루) 70g, 식용유 15mL

흑임자시루떡

시루떡은 곡식을 가루 내어 증기에 찌는 떡으로 한자어로는 증병(甑餠)이라 한다. 흑임자는 검은 참깨를 한방에서 이르는 말로서 M-100이라는 성분이 있어 암을 억제하고 비타민 E, 칼슘, 셀레늄 등이 많아 노화 방지에 매우 효과적인 식품으로 알려져 있다. 또한 흑임자의 레시틴 성분은 체내 신진대사는 물론 혈액순환에 효능이 있다.

요구사항

※ 지급된 재료와 시설을 사용하여 흑임자시루떡을 만들어 제출하시오.

❶ 떡 제조 시 물의 양은 적정량으로 혼합하여 제조하시오.
(단, 쌀가루는 물에 불려 소금 간 하지 않고 1회 빻은 찹쌀가루이다)
❷ 흑임자는 씻어 일어 이물이 없게 하고 타지 않게 볶아 소금 간 하여 빻아서 고물로 사용하시오.
(50% 이상 빻아진 상태가 되도록 하시오)
❸ 찹쌀가루 위·아래에 흑임자 고물을 이용하여 찜기에 한 켜로 안치시오.
❹ 찜기를 물솥에 얹어 찌시오.
❺ 썰지 않은 상태로 전량 제출하시오.

재료명	비율(%)	무게(g)
찹쌀가루	100	400
설탕	10	40
소금(쌀가루 반죽)	1	4
소금(고물)	-	적정량
물	-	적정량
흑임자	27.5	110

◈ 재료 & 분량

찹쌀가루(찹쌀을 5시간 정도 불려 빻은 것) 440g, 설탕(정백당) 40g, 소금(정제염) 5g(쌀가루 4g, 고물 1g), 흑임자(볶지 않은 상태) 110g

◈ 만드는 법

1 흑임자를 물에 가볍게 씻어 촘촘한 채를 이용해서 이물질을 제거하며 일어 물기를 제거한다.

2 물기를 완전히 제거한 흑임자는 기름을 두르지 않고 약불에 타지 않게 볶아 절구에 넣고, 소금 1g 정도를 첨가하여 곱게 빻아 2등분 한다.

   Tip 볶을 때 부피가 통통해지면서 고소한 냄새가 나면 어느 정도 익은 것이다.

3 찹쌀가루에 계량된 소금(4g)과 2T 정도의 물의 넣어 고루 비벼 물 주기를 한 후 체에 한 번 내려준다.

4 **3**의 쌀가루에 설탕 40g을 넣고 가볍게 섞어준 후 찜기에 실리콘 패드(시루밑)를 깔고 분할해 둔 흑임자 고물 하나를 실리콘 패드 위에 비는 곳 없이 골고루 뿌려준 다음 고물 위에 쌀가루를 안친다. (윗면을 스크레이퍼로 정리한다)

5 **4**의 쌀가루 위에 나머지 흑임자 고물을 빈틈없이 골고루 뿌려 준다. (윗면을 스크레이퍼로 정리한다)

6 김이 오른 찜솥에 시루를 올려 센 불에서 20분 정도 찐 후 접시에 담아낸다.

Cooking Advice

* 흑임자시루떡은 찹쌀가루를 이용하는 켜떡으로 찌는 과정에서 멥쌀가루와 달리 증기가 잘 전달되지 않을 우려가 있으므로 떡을 찔 때 반드시 찜기의 주변에 젖은 행주를 이용해서 증기가 새는 것을 막아 주어야 잘 익는다.
* 흑임자는 최대한 곱게 갈아 사용한다.
* 시험장에 반드시 흑임자 고물 제조용 절구를 지참하도록 한다.
* **시험장 지급재료 목록**: 찹쌀가루(찹쌀을 5시간 정도 불려 빻은 것) 440g, 설탕(정백당) 50g, 소금(정제염) 10g, 흑임자(볶지 않은 상태) 120g

개피떡(바람떡)

소를 껍질로 얇게 싸서 만들었다고 해서 '갑피병(甲皮餠)', 또는 소를 넣을 때 공기가 들어가 볼록하게 만들었다고 해서 '바람떡'이라부른다. 개피떡은 봄철에 쑥이나 송기(소나무 속 껍질)를 넣어 입맛을 살리는 떡으로 쌀가루를 찐 후 쳐서 만드는 도병(擣餠) 중 하나다. 문헌상에는 『시의전서(是議全書)』에 조리법이 처음 나타난다.

◉ 요구사항

※ 지급된 재료와 시설을 사용하여 개피떡(바람떡)을 만들어 제출하시오.

❶ 떡 제조 시 물의 양은 적정량으로 혼합하여 제조하시오.
(단, 쌀가루는 물에 불려 소금 간 하지 않고 2회 빻은 멥쌀가루이다)
❷ 익힌 떡을 치대어 떡이 붙지 않게 고체유를 바르면서 제조하시오.
❸ 떡 반죽은 두께 4~5mm 정도로 밀어 팥앙금을 소로 넣어 원형틀(직경 5.5cm 정도)을 이용하여 반달모양으로 찍어 모양을 만드시오(◠).
❹ 개피떡은 12개 이상으로 제조하여 참기름을 발라 제출하시오.

재료명	비율(%)	무게(g)
멥쌀가루	100	300
소금	1	3
물	-	적정량
팥앙금	66	200
참기름	-	적정량
고체유	-	5
설탕	-	10 (찔 때 필요시 사용)

◈ 재료 & 분량

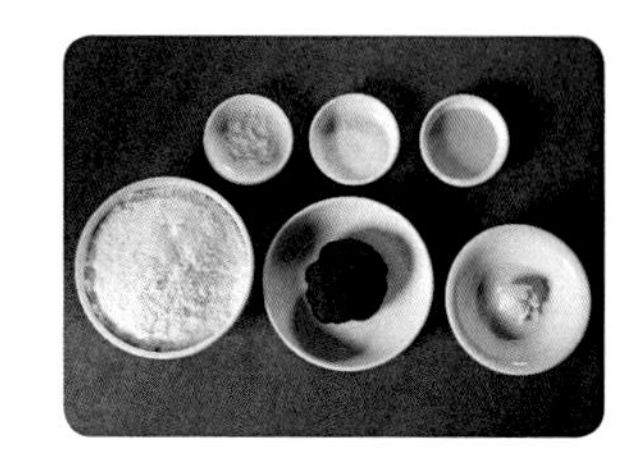

멥쌀가루(멥쌀을 5시간정도 불려 빻은 것) 330g, 소금(정제염) 3g, 팥앙금(고운 것) 200g, 고체유(밀납, 마가린 대체가능) 5g, 설탕 10g, 참기름 적정량,

◈ 만드는 법

1 쌀가루에 소금과 물(120~130g)을 넣고 고르게 비벼 물 주기를 한다.
2 물 주기한 쌀가루를 찜기에 실리콘 패드를 깐 후 그 위에 설탕 10g을 뿌리고 쌀가루를 가볍게 주먹 쥐기하여 고르게 안친다.
3 2의 쌀가루를 김이 오른 시루에서 센 불로 20분 익힌다.
4 쌀가루가 익는 동안 팥앙금을 15g씩 분할하여 12개가량 타원형 형태로 만들어 놓는다.
5 떡 비닐을 준비해서 고체유를 발라 쪄진 떡을 부어 고르고 매끄럽게 치대기를 한 후 30g씩 12개로 분할한다.
6 분할한 반죽을 밀대로 고르게 밀어 두께 4~5mm 정도의 원형으로 준비한다.
7 준비한 반죽에 팥앙금을 넣고 반으로 접어 개피떡 틀로 찍어 완성한 후 참기름을 발라 제출한다.

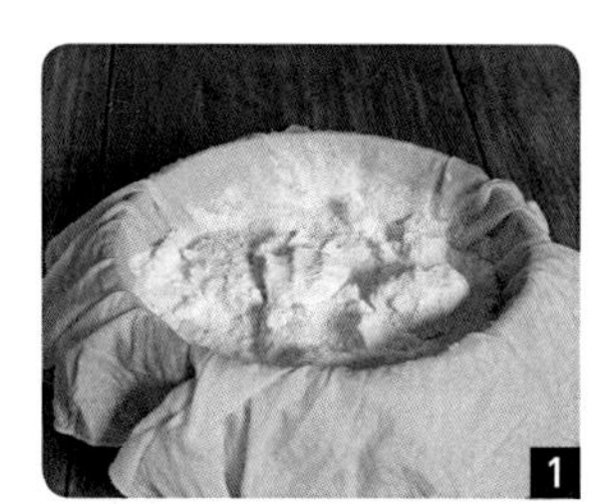
1

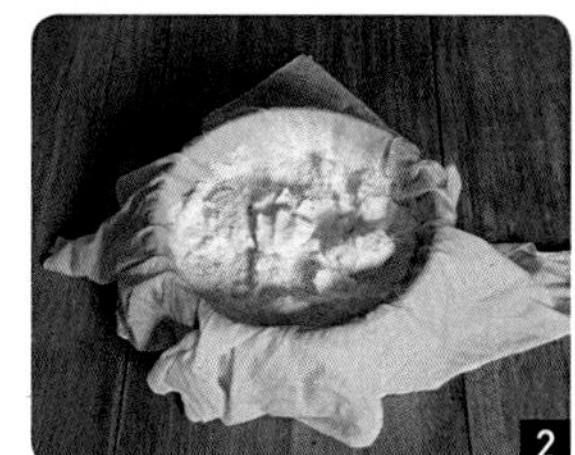
2

3

4

 Cooking Advice

- ※ 개피떡은 물의 양이 매우 중요하고 떡을 밀 때 기름을 너무 많이 바르지 않도록 한다.
- ※ 개피떡의 반죽 두께에 유의한다.
- ※ 공개문제를 참고하여 직경 5.5cm 정도의 원형틀을 지참하도록 한다.
- ※ **시험장 지급재료 목록**: 멥쌀가루(멥쌀을 5시간 정도 불려 빻은 것) 330g, 소금(정제염) 10g, 팥앙금(고운 적팥앙금) 220g, 고체유(밀랍, 마가린 대체 가능) 7g, 설탕 15g, 참기름 10g

흰팥시루떡

팥시루떡의 붉은색은 귀신을 물리치고 액운을 막아준다고 하여 주로 고사나 개업 때 많이 사용하지만, 차례상에서는 붉은색이 조상을 쫓는다고 하여 붉은팥 대신 흰팥이나 녹두, 깨 등의 흰 고물을 많이 사용한다. 근래에는 동부콩을 많이 사용하기도 한다. 동부콩은 완전히 익혀 떡고물로 많이 사용하며 칼로리가 낮아 다이어트에 좋은 식품으로 알려져 있다.

◉ 요구사항

※ 지급된 재료와 시설을 사용하여 흰팥시루떡을 만들어 제출하시오.

❶ 떡 제조 시 물의 양은 적정량으로 혼합하여 제조하시오.
(단, 쌀가루는 물에 불려 소금 간 하지 않고 2회 빻은 멥쌀가루이다)

❷ 불린 흰팥(동부)은 일어 거피하여 찌시오.

❸ 찐 팥은 소금 간 하고 빻아 체에 내려 고물로 사용하시오.
(중간체 또는 어레미 사용 가능)

❹ 멥쌀가루 위·아래에 흰팥고물을 이용하여 찜기에 한 켜로 안치시오.

❺ 찜기를 물솥에 얹어 찌시오.

❻ 썰지 않은 상태로 전량 제출하시오.

재료명	비율(%)	무게(g)
멥쌀가루	100	500
설탕	10	50
소금 (쌀가루 반죽)	1	5
소금 (고물)	0.6	3 (적정량)
물	-	적정량
불린 흰팥 (동부)	-	320

◈ 재료 & 분량

멥쌀가루(멥쌀을 5시간 정도 불려 빻은 것) 550g, 설탕(정백당) 50g, 소금(정제염) 8g(쌀가루 5g, 고물 3g), 불린 거피팥(동부) 320g

◈ 만드는 법

1 불린 동부 콩은 여러 번 헹궈서 껍질을 완전히 제거하고 시루에 안쳐 찐다.

   Tip 김이 오른 찜기에 콩을 고루 깔고 센 불에서 40분 정도 찐다.

2 계량된 쌀가루 500g에 소금 5g을 넣고 고루 섞은 다음 물 100g을 넣어 고루 비벼 쌀 체에 2번 내린 후 분량의 설탕을 섞어 둔다.

3 **1**의 익힌 콩을 절구에 넣고 분량의 소금 3g을 넣고 곱게 빻아 어레미에 한 번 내리고 쌀 체에 한 번 내려 준비한다.

4 준비한 **3**의 고물을 전체 양의 2등분으로 분할해 둔다.

5 찜기에 실리콘 패드를 깔고 2등분한 고물 중 하나를 실리콘 패드 위에 고루 뿌린 다음 스크레이퍼를 이용해서 수평을 맞춰 준다.

6 **5**의 고물 위에 쌀가루를 안쳐 수평을 맞추고 그 위에 다시 여분의 고물을 안쳐 고르게 수평을 맞춘다. 센 불에 20분 찐 후 약불에 5분 뜸을 들인 다음 접시에 담아낸다.

Cooking Advice

* 쌀가루와 고물을 찜기에 안칠 때 옆면의 색상에 주의해서 수평이 잘 맞도록 안치고 증기가 잘 올라올 수 있도록 눌러 담지 말고 가볍게 안치도록 한다.
* **시험장 지급재료 목록**: 멥쌀가루(멥쌀을 5시간 정도 불려 빻은 것) 550g, 설탕(정백당) 60g, 소금(정제염) 10g, 거피팥[동부, 하룻밤 불린 거피팥(겨울 6시간, 여름 3시간 이상)] 350g

대추단자

단자(團子)는 찹쌀가루를 반죽하여 끓는 물에 삶아내어 방망이로 꽈리가 일도록 친 다음 소를 넣고 둥글게 빚어 고물을 묻히는 방법과 잘 친 떡에 소를 넣지 않고 작게 썰어서 고물에 묻히는 방법이 있으며 대추단자는 대추채를 고물로 이용한 떡으로 단자의 고물에는 밤과 실백, 석이버섯, 계핏가루, 통깨 등의 재료가 다양하게 사용된다.

◈ 요구사항

※ 지급된 재료와 시설을 사용하여 대추단자를 만들어 제출하시오.

❶ 떡 제조 시 물의 양은 적정량으로 혼합하여 제조하시오.
(단, 쌀가루는 물에 불려 소금 간 하지 않고 1회 빻은 찹쌀가루이다)
❷ 대추의 40% 정도는 떡 반죽용으로, 60% 정도는 고물용으로 사용하시오.
❸ 떡 반죽용 대추는 다져서 쌀가루와 함께 익혀 쓰시오.
❹ 고물용 대추, 밤은 곱게 채 썰어 사용하시오.
(단, 밤은 채 썰 때 전량 사용하지 않아도 됨)
❺ 대추를 넣고 익힌 떡은 스테인리스 볼과 절굿공이(밀대)를 이용하여 소금물을 묻혀 치시오.
❻ 친 떡은 기름(식용유) 바른 비닐에 넣어 두께 1.5cm 이상으로 성형하여 식히시오.
❼ 친 떡에 꿀을 바른 후 3×2.5×1.5cm 크기로 잘라 밤채, 대추채 고물을 묻히시오.
❽ 16개 이상 제조하여 전량 제출하시오.

재료명	비율(%)	무게(g)
찹쌀가루	100	200
소금	1	2
물	-	적정량
밤	-	6(개)
대추	-	80
꿀	-	20
식용유	-	10
설탕 (찔 때 필요시)	-	10
소금물용 소금	-	5

⊙ 재료 & 분량

찹쌀가루(찹쌀을 5시간 정도 불려 빻은 것) 220g, 소금(정제염) 2g, 소금물용 소금 5g, 밤(겉껍질, 속껍질 벗긴 밤) 6개, 대추[(중)마른 것(크기 및 수분량에 따라 개수는 변경될 수 있음)] 80g(20~30개 정도), 꿀 20g, 식용유 10g, 설탕 10g

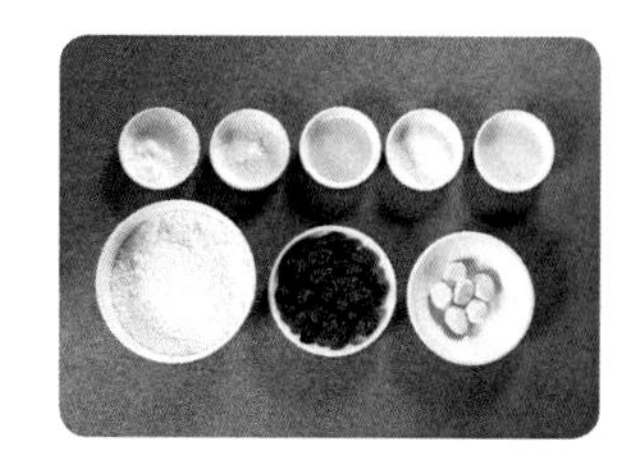

⊙ 만드는 법

1 대추는 깨끗이 손질해서 돌려깎아 씨를 빼고 밀대로 밀어 8개 정도는 곱게 다져 준비하고 나머지는 곱게 채 썰어 준비한다.
2 찹쌀가루에 소금 2g과 물 1T를 넣고 고루 섞은 다음 다져둔 대추를 넣어 다시 한번 고루 섞어 준비한다.
3 찜기에 실리콘 패드를 깔고 익힌 찹쌀가루가 잘 분리될 수 있도록 분량의 설탕을 고루 뿌린 2의 재료를 가볍게 주먹 쥐기 해서 안친 후 찹쌀가루가 잘 익도록 가운데 구멍을 내어준다.
4 김이 오른 찜솥에 센 불에서 15분 정도 익혀준다.
5 찹쌀가루가 익는 동안 밤채를 곱게 썰어 둔다.
6 찜솥의 떡이 익으면 먼저 소금 3g과 물 4T를 넣어 떡을 치댈 때 사용할 소금물을 만든 후 스테인리스 볼에 2T 분량의 소금물을 넣고 익힌 떡을 넣어 꽈리가 일면서 소금물이 떡에 완전히 스며들 때까지 쳐준다.
7 떡 비닐에 기름을 살짝 바르고 6의 재료를 올려 가늘고 길게 모양을 잡은 후 꿀을 발라 3×2.5×1.5cm 크기로 잘라 단자 16개를 만든다.
8 위의 준비해둔 밤채와 대추채를 혼합하여 7의 떡에 꿀을 발라 고물을 묻힌 후 접시에 담아낸다.

1

2

3

4

5

6

Cooking Advice

- 대추채 밤 채를 곱게 채 썰어야 완성된 모양이 예쁘다.
- 꿀을 바를 때는 밤 채와 대추채가 잘 붙을 수 있도록 넉넉히 바른다.
- 대추단자는 찹쌀가루에 설탕을 넣지 않는다.
- 시험장 지급재료 목록: 찹쌀가루(찹쌀을 5시간 정도 불려 빻은 것) 220g, 소금(정제염) 5g, 밤(겉껍질, 속껍질 벗긴 밤) 6개, 대추[(중) 마른 것(크기 및 수분량에 따라 개수는 변경될 수 있음)] 90g(20~30개 정도), 꿀 30g, 식용유 10g, 설탕 10g

餠

떡 제조,

기초에서 응용까지 —

Story 4

떡 제조 응용편

현대 떡과 음청류

1. 설기류
2. 찰떡&인절미
3. 시루떡
4. 빚는떡&절편
5. 단자류
6. 발효떡
7. 약식
8. 떡케이크
9. 강정&약과
10. 음청류

흑당 설기떡

설기떡의 기본인 백설기 속에 다양한 재료를 넣어 여러 형태의 설기떡을 만들 수 있다. 그중에서 흑설탕에 계핏가루와 견과류를 넣어 호떡소 풍미의 백설기를 맛볼 수 있는 무한 변신의 설기떡이다.

◈ 재료 & 분량

멥쌀가루 500g(700g), 소금 5g(7g), 수분 100~110g(120~140g)
흰설탕 40g(50g)
흑설탕 30g(50g)+계핏가루 5g(혼합)

◈ 만드는 법

1 멥쌀을 깨끗이 씻어 6~8시간 불리고 30분 정도 체에 밭친 다음 가루로 빻는다.
2 1의 멥쌀가루에 소금과 수분을 주어 잘 비빈 후 쌀 체에 2번 내린다.
3 체에 내린 쌀가루에 분량의 흰설탕을 넣고 훌훌 섞어준다.
4 찜솥에 시루 밑을 깔고 준비한 쌀가루 ½을 평평하게 올리고 그 위에 계피 흑설탕을 나머지 쌀가루를 덮어준다.
5 원하는 크기의 칼집을 넣어 김이 오른 찜통에 올려 센 불로 20분을 찐 후 약불로 5분 정도 뜸을 들인 후 완성그릇에 담아낸다.

Cooking Advice

* 소금과 수분을 준 쌀가루는 쌀 체에 여러 번 내릴수록 폭신한 식감을 얻을 수 있다.
* 계피 흑설탕에 기호에 따라 다진 호두를 넣어도 좋다.

티라미수 설기떡

커피의 은은한 향을 즐길 수 있는 설기로서 커피나 우유, 버터 등 떡에서 자주 사용하지 않는 재료를 잘 혼합하여 만든 떡으로 설기떡의 변신을 자랑한다. 카페 업장에서의 사이드 메뉴와 답례품 등으로 활용하기 좋은 떡이다.

◈ 재료 & 분량

멥쌀가루 600g, 소금 6g
마스카포네 치즈 20g, 설탕 20g
무염버터 20g, 흰 우유 100g, 커피 원액 30g, 설탕 40g
* **장식**: 커피콩 초콜릿, 화이트 앙금 20g (또는 대추, 호박씨)

◈ 만드는 법

1. 멥쌀은 5시간 정도 불려서 방아를 빻는다.
2. 멥쌀가루에 소금을 넣고 비빈 후 쌀가루를 200g과 400g으로 나눈다.
3. 쌀가루 200g에 마스카포네 치즈 20g을 넣고 체에 2번 내린 후 설탕(20g)을 섞는다.
4. 쌀가루 400g에는 흰 우유 100g에 무염버터 20g, 커피 원액 30g을 중탕으로 녹여 커피우유를 만들어 쌀가루에 넣고 섞은 후 쌀 체에 2번 내린 후 설탕(40g)을 넣어 섞는다.

   Tip 커피우유: 우유에 버터와 커피원액을 넣어 중탕한 우유로 미지근한 온도일 때 쌀가루에 넣어야 쌀가루가 부드러워진다.
5. 찜기에 커피색 쌀가루 절반을 담고 흰색 쌀가루를 담은 후, 커피색 쌀가루 나머지를 담아 윗면을 평평하게 한다.
6. 김이 오른 찜통에 센 불로 20분 찌고 약불로 5분 뜸을 들인다.
7. 완성 그릇에 담고 한 김 식으면 커피콩 초콜릿으로 장식한다.

- 커피 수분은 미지근한 온도로 해야 쌀가루가 부드러워진다.

현미 찰떡

흰 찹쌀이 아닌 현미 찹쌀로 씹는 식감과 씹으면 씹을수록 고소함을 맛볼 수 있고 통밤과 대추 등으로 다양한 견과류를 혼합할 수 있다. 아침 식사 대용이나 당뇨 환자를 위한 떡으로 추천한다.

◉ 재료 & 분량

현미 찹쌀가루 600g, 찹쌀가루 200g, 소금 8g, 물 80g, 설탕 80g, 삶은 땅콩 70g, 호두 50g, 밤 7개, 대추 7개

◉ 만드는 법

1 현미 찹쌀은 깨끗이 씻어 이틀 정도 불려 빻고 찹쌀은 5시간 정도 불려서 빻아 놓는다.
2 생땅콩은 끓는 물에 5분 정도 삶아 놓고 호두는 땅콩 크기만큼 썰어 놓는다.
3 밤은 껍질을 벗겨 통으로 준비하고 대추는 돌려깎기 하여 말아 놓는다.
4 준비한 찹쌀가루와 현미 찹쌀가루를 한데 섞어 소금과 물을 넣고 고루 비벼 쌀 체에 내려 설탕을 섞는다.
5 준비한 쌀가루에 땅콩, 호두, 밤을 넣어 찜통에 젖은 삼베 보를 깔고 30분 찐다.
6 쪄진 떡을 틀에 넣고 통밤과 대추를 박아서 굳힌 후 썰어낸다.

* 생땅콩은 삶아서 사용해야 아삭한 식감을 얻을 수 있고, 비린 맛을 제거할 수 있다.

쑥 인절미

찹쌀이나 찹쌀가루를 쪄서 떡메를 칠 때 데친 쑥을 넣고 찰기가 일도록 떡메를 친 후 네모지게 만들어서 콩고물 등을 묻혀 먹는 찰떡으로 봄의 향기를 즐길 수 있는 계절 떡이다.

◉ 재료 & 분량

데친 쑥(50g) 넣어 빻은 찹쌀가루 800g, 소금 8g, 물 50g
설탕 80g, 식용유 15g, 떡비닐
뜨거운 덧물 30g
* **고물**: 볶은 콩가루 80g

◉ 만드는 법

1 찹쌀은 깨끗이 씻어 5시간 정도 불린 후 데친 쑥을 넣고 가루로 빻는다.
2 찹쌀가루에 소금과 물을 넣어 잘 비빈 후 설탕을 넣고 다시 한번 비벼준다.
3 젖은 베보자기를 깔고 설탕을 덧뿌린 후 시루에 2를 붓고 김이 오른 찜통에 30분 찐다.
4 쪄진 떡을 식용유를 바른 떡비닐에 붓고 꽈리가 생기도록 치댄다. (뜨거운 물 30g)
5 떡은 반대기를 짓고 비닐을 덮어 살짝 식힌 후 고물을 뿌리고 한입 크기로 자른 다음, 옆면에도 고물을 묻혀 낸다.

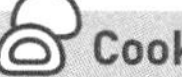
Cooking Advice

* 쌀가루를 빻을 때 데친 쑥을 넣고 빻는 것이 향이 좋다.
* 덧물은 따뜻한 온도를 유지해야 떡이 상하지 않는다.

상추 시루떡

켜떡의 일종으로 여름에 사찰에서 즐겨 먹던 떡으로 잊히고 있는 옛 떡을 재현하고 상추의 식감과 거피팥고물 맛이 은은한 매력을 지닌 떡이다.

◈ 재료 & 분량

멥쌀가루 600g, 소금 6g, 물 110g, 설탕 60g, 청상추 100g
* 고물: 거피팥고물 300g, 소금 3g, 설탕 50g

◈ 만드는 법

1 멥쌀가루는 소금 간을 하고 수분을 주어서 체에 내려 분량의 설탕을 섞어 고운 가루를 만든다.
2 거피팥은 쪄서 소금을 넣어 섞은 후 절구에 빻아 체에 내려 설탕을 섞어 거피팥고물을 만든다.
3 상추는 씻어 소쿠리에 물기를 뺀 다음 큼직하게 뜯어 쌀가루에 넣어 훌훌 섞어 놓는다.
4 시루에 시루 밑을 깔고 거피팥고물을 충분히 덮은 뒤 떡가루를 4cm 정도 두께로 안치고 다시 거피팥고물을 덮고 반복하여 켜를 놓아 맨 위에 거피팥고물이 오게 안친다.(2켜 정도)
5 김이 오른 찜통에 20분 찐 후 불을 줄여 약불로 5분 뜸을 들인다.
6 떡을 모판에 쏟아서 한 김 나간 다음 먹기 좋은 크기로 썰어낸다.

Cooking Advice

* 상추는 청상추 또는 로메인상추 등을 이용하는 것이 좋다.
* 카스텔라 고물을 활용해도 좋다.

노비 송편

음력 2월 초하루 "중화절(中和節)" 또는 "노비일"이라고 하며 농가에서는 한 해 풍년을 기원하면서 떡을 빚어 노비들에게 나이 수대로 나눠줌으로써 농번기 이전 심신을 위로한 떡이다.

◉ 재료 & 분량

쑥을 넣어 빻은 멥쌀가루 500g, 소금 5g, 따뜻한 물 130~150g

* **소**: 거피팥고물 300g, 올리고당 30~50g, 소금 1g
* **바름장**: 참기름 1작은술

◉ 만드는 법

1. 분량의 쑥을 넣은 멥쌀가루와 소금, 따뜻한 물을 이용하여 반죽을 만들어 반죽 전체의 무게를 잰 후 40g씩 분할하고 소(거피팥소)는 거피팥고물 300g, 올리고당 30~50g, 소금 1g 분량을 섞어 치댄 후 개수에 맞춰 20g씩 분할한다.
2. 반죽에 소를 넣어 반달 형태로 만든다.
3. 김이 오른 찜솥에 20분 찐다.
4. 뚜껑을 열어 한 김 식힌 후 참기름을 발라낸다.

Cooking Advice

* 반죽을 오래 치댈수록 쫀득한 식감을 얻을 수 있다.
* 뜨거울 때 먹는 것보다 한 김 식힌 후 먹는 것이 입안에 달라붙지 않는다.

앙꼬 절편

치는 떡의 한 종류인 절편에 달달한 앙꼬를 넣어 담백함과 달달함을 한 번에 즐길 수 있는 떡이다. 앙꼬는 일본어로 단팥소를 의미한다.

◉ 재료 & 분량

❶ 멥쌀가루 400g, 찹쌀가루 100g, 소금 1작은술, 물 ½컵
❷ 쑥 넣은 멥쌀가루 400g, 찹쌀가루 50g, 소금 1작은술, 물 ¼컵
❸ 적앙금 500g, 포도씨유·참기름 각 1큰술씩
❸ 떡살(떡 도장)

◉ 만드는 법

1 재료 ❶, ❷에 각각 물을 주어 덩글덩글 섞어준다.
2 김이 오른 찜통에 1을 올리고 20분 찐다.
3 적앙금을 250g씩 두 개로 나누어 길이 30cm 정도로 만든다.
4 쪄진 떡을 한 덩이로 치댄 후 폭 10cm, 길이 30cm 길이로 밀어준다.
5 절편 위에 앙금 소를 올려주고 잘 여민 후 뒤집는다.
6 간격을 맞추어 떡 도장을 찍고 기름을 바른 다음 잘라서 접시에 담아낸다.

Cooking Advice

- 쌀가루에 수분을 넉넉하게 주고 찐 후 오랫동안 치대는 것이 좋다.
- 반죽을 얇게 밀고 소를 감싼 후 떡살을 일정한 간격으로 찍는다.

잣구리

삶는 떡의 일종으로 익반죽한 찹쌀반죽에 밤소를 넣어 누에고치 모양으로 빚어 끓는 물에 삶아서 찬물에 헹군 후 잣가루를 묻힌 떡이다.

◉ 재료 & 분량

찹쌀가루 200g, 소금 2g, 뜨거운 물 60g, 꿀 20g

* **소**: 깐 밤(대) 5개, 꿀 2큰술, 계핏가루 1g
* **잣고물**: 잣 100g

◉ 만드는 법

1 찹쌀가루에 소금을 넣고 체에 내린 후 익반죽한다.

2 익반죽한 찹쌀은 젖은 행주로 덮어놓고 밤을 삶아 익힌 후 체에 내려서 꿀, 계핏가루를 넣어 소를 만든다.

3 찹쌀반죽은 12g씩 20개로 분할하고 소도 3g씩 20개 분할한다.

4 반죽에 밤소를 넣고 누에고치 모양으로 빚어준다.

5 빚은 반죽을 끓는 물에 삶은 후 찬물에 헹궈서 물기를 제거한다.

6 물기를 빼는 동안 잣은 고깔과 기름을 제거하고 다져서 가루로 만든다.

7 물기 뺀 반죽에 꿀을 살짝 바르고 잣가루를 묻혀 완성한다.

Cooking Advice

- 누에고치 모양을 만들 때 가운데 부분을 얇게 성형하면 익힐 때 터지므로 주의한다.
- 잣은 여러 번 기름기를 제거해서 가루로 만들어야 하는데, 잣을 키친타월에 올려 다져주면 기름을 제거하기에 좋다.

당고

일본식 경단으로 반죽 시 다양한 곡물로 반죽하고 삶아 익힌 후 다양한 소스를 묻히고 대나무 꼬치에 꿰어 먹는 떡이다.

◈ 재료 & 분량

찹쌀가루 100g, 멥쌀가루 200g, 연두부 70g, 소금 3g, 꼬치 12~15개

* **양념장**: 간장 3큰술, 설탕 3큰술, 맛술 1큰술, 올리고당 1큰술, 물 ¼컵, 녹말가루 1큰술

◈ 만드는 법

1 찹쌀가루와 멥쌀가루에 소금과 연두부를 넣어 반죽한다.
2 수제비 반죽처럼 해서 오래 치대준 후 12g씩 분할해서 완자로 빚어준다.
3 끓는 물에 완자를 넣고 삶은 후 찬물에 헹궈서 물기를 완전히 빼준다.
4 냄비에 당고 양념장을 만들고 식힌 후 익힌 완자를 꼬치에 3개씩 꽂는다.
5 꼬치에 당고 양념장을 발라서 먹는다.

Cooking Advice

* 아이들은 초코시럽이나 핫케이크 시럽을 묻혀 먹어도 좋다.
* 연두부는 간수를 뺀 후 반죽하는 것이 좋다.

보리 영양 떡

증편 반죽을 이용한 건강 떡으로 섬유소가 많은 보릿가루에 막걸리로 발효하여 찐 떡으로 여름철 별미 떡이다.

◈ 재료 & 분량

보리떡용 쌀가루 800g(소금 5g, 설탕 40g), 막걸리 300ml, 우유 300ml, 팥배기 80g, 완두배기 80g, 호두분태 80g, 종이틀(판네토네) 14~16개

◈ 만드는 법

1 막걸리와 우유는 30℃ 정도에서 중탕한다.
2 보릿가루에 부재료(팥배기, 완두배기, 호두분태)를 넣고 전체적으로 섞어준다.
3 2의 가루에 1의 막걸리와 우유를 넣어 반죽을 골고루 섞어준다.
4 종이틀에 반죽을 ⅔ 높이로 채워준다.
5 김이 오른 찜통에 20분 찐다.

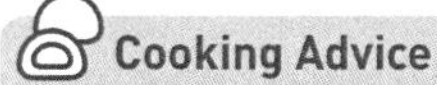

- 반죽에 휴지를 준 후 틀에 붓고 찌는 것이 좋다.
- 차게 식혀서 먹는 것이 보리 향을 느낄 수 있다.

약식

신라 21대 소지왕에게 닥칠 재앙을 미리 알려 목숨을 살려준 까마귀에게 보은의 의미로 찰밥에 꿀을 넣어 양념한 일종의 떡. 약밥이라고도 한다.

◉ 재료 & 분량

❶ 불린 찹쌀(800g) 1kg
❷ 흰설탕 1컵
❷-❶ 진간장 4큰술, 캐러멜 소스 4큰술(노두유 2큰술), 대추내림 4큰술, 식용유 4큰술, 밤 12개
❸ 계핏가루 1작은술, 꿀 1큰술, 참기름 1큰술(미리 개어둔다)
❹ 대추 20개, 잣 1큰술
* **캐러멜 소스**: 설탕 6큰술, 물 3큰술, 끓는 물 3큰술, 물엿 1큰술

◉ 만드는 법

1 찹쌀은 씻어 일어 3시간 정도 불려서 건져 물기를 뺀다.
2 찜통에 면포를 깔고 40분 정도 쌀이 푹 무르게 찐다.
3 캐러멜 소스 만들기
냄비에 설탕과 물을 넣어 중간 불에 올려 젓지 않고 끓인다.
가장자리부터 타기 시작해 전체적으로 갈색이 되면 불을 끄고 끓는 물과 물엿을 넣어 섞는다.
4 밤은 속껍질을 벗겨 4~6등분하고 대추는 씨를 발라내어 3~4조각으로 썬다.
5 찐 찹쌀이 뜨거울 때 큰 그릇에 쏟아 재료 ❷의 흰설탕을 넣어 밥알이 하나씩 떨어지도록 주걱으로 자르듯이 고루 섞는다. 여기에 재료❷-❶의 진간장, 캐러멜 소스, 대추내림, 식용유, 밤을 넣어 고루 섞은 후 2시간 이상 상온에 두어 맛이 배도록 한다.
6 찜통에 젖은 면포를 깔고 양념된 찰밥을 올려 30분 정도 찐 다음 대추, 잣을 넣어 5분 정도 더 찐다. 다 되면 그릇에 쏟아 계핏가루, 꿀, 참기름을 섞는다.
7 틀에 박아내어 모양을 만든다.

대추내림 만들기

대추에 충분한 물을 붓고 뭉근한 불에서 푹 고아 중간체에 내린 다음 냄비에 올려 걸쭉한 잼 농도가 될 때까지 졸인 후 꿀을 넣어 다시 한번 졸여준다.

Cooking Advice

* 1차 찹쌀 찌기를 충분히 시간을 주어 쪄야 양념이 잘 스며든다.
* 찐 찹쌀에 양념을 넣고 버무릴 때 밥알이 으깨지지 않도록 주의한다.

카네이션 절편 떡케이크

절편공예 떡케이크는 설기떡 위에 절편으로 다양한 꽃을 만들어서 장식한 떡케이크로 밀가루로 만든 케이크 대용으로 사용할 수 있다.

◈ 재료 & 분량

멥쌀가루 500g, 소금 5g, 물 90g, 설탕 50g
* **카네이션 재료**: 멥쌀가루 100g, 소금 1g, 물 40g, 백년초가루 3g. 쑥가루 2g

◈ 만드는 법

1 멥쌀은 깨끗이 씻어 8시간 정도 불린 후 물기를 제거하여 가루로 곱게 빻아 놓는다.
2 준비한 멥쌀가루에 소금, 물을 고루 버무린 후 쌀 체에 2번 내린 다음 설탕을 섞는다.
3 시루에 떡가루를 안치고 김이 오른 물솥에 시루를 올려 센 불에서 20분 찌고 약불에서 5분간 뜸 들인다.
4 카네이션 모양 내기
분홍색 반죽을 0.2cm 두께로 밀어 카네이션 커터를 이용해 6장을 찍는다.
5 커터로 찍은 꽃잎을 2번 접기해서 3~4개를 겹쳐 붙이기 한다.

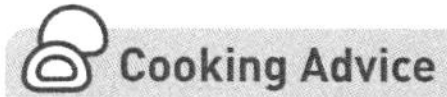

* 꽃잎 절편을 얇게 밀수록 꽃잎의 입체감이 살아난다.

장미앙금 떡케이크

백앙금을 부드럽게 농도 조절 후 다양한 꽃 깍지(팁)를 이용하여 여러 가지 꽃을 만들어서 떡케이크를 만들기도 하고 앙금 꽃 과자도 만들 수 있다.

◉ 재료 & 분량

멥쌀가루 500g, 소금 5g, 물 90g, 설탕 50g

* **장미**: 104번 팁, 352번 팁, 백앙금 200g, 물 30~50g, 색소(백년초가루, 비트가루, 녹차가루, 쑥가루, 보리새싹가루)

◉ 만드는 법

1. 분량의 백설기를 찐다.
2. 앙금에 물 또는 우유를 넣어 휘핑 생크림 농도로 맞춘다.
3. 농도 조절 후 색소(백년초가루, 비트가루 등)로 조색한다.
4. 짜 주머니에 팁을 꽂고 조색한 앙금을 넣는다(파이핑).
5. 받침 못에 파이핑 한 앙금을 꽃 기둥을 세운다.
6. 기둥에 팁(104번 깍지)을 대고 기둥을 감싸듯 앙금 꽃잎 봉우리를 만들고 간격을 맞춰서 104번 깍지 파이핑 주머니 앙금을 짜 꽃잎 1장, 3장, 5장으로 앙금 꽃잎을 짜 준다.
7. 잎사귀 모양 내기
   초록색 색소(녹차가루, 쑥가루, 보리새싹가루 등)로 조색한 앙금으로 잎을 짜 준다(352번 팁 사용).
8. 돔형으로 꽃을 배열한다.

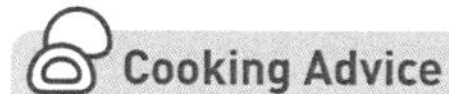

* 앙금 농도를 부드럽게 만들어야 꽃모양을 짤 때 꽃잎이 갈라지지 않는다.
* 꽃잎 수를 정확히 맞춰서 앙금을 짜준다.

호두강정

호두를 설탕물에 윤기나게 조린 후 기름에 튀겨 호두의 겉면의 청을 굳게 해서 고소함을 높여 호두의 떫은맛을 없애 준 강정이다.
답례품으로 많이 이용되고 있다.

◈ 재료 & 분량

깐 호두 200g(300g), 설탕 1컵, 물 2½컵, 물엿 2큰술, 튀김기름 2컵

◈ 만드는 법

1. 호두는 찬물에 삶아준다. (2번 반복한다)
2. 냄비에 손질한 호두, 설탕, 물을 붓고 물이 반으로 줄어들 때까지 중불에서 조리다가 물엿을 넣고 계속 조린 후 체에 쏟아서 물기를 완전히 뺀다.
3. 팬을 달군 다음 기름을 넣고 150℃가 되면 설탕물에 조린 호두를 넣어서 호두에서 기름이 빠지도록 노릇하게 튀긴다.
4. 튀겨낸 호두는 기름을 완전히 빼고 식은 후에 그릇에 담는다.

Cooking Advice

- 호두의 떫은맛을 빼기 위해 찬물에서 삶아준다.
- 튀김 온도를 낮은 온도로 잘 맞춘다.

오란다

일본이 네덜란드와 교류하면서 네덜란드식 와플이 쌀강정 형태로 변형되었다고 하고 퍼핑콩에 달달한 조청과 고소한 견과류를 섞어서 굳힌 과자. 간식과 답례품으로 효자상품이다.

◉ 재료 & 분량

퍼핑콩 160g
견과류(해바라기+호박씨+아몬드 슬라이스+땅콩 분태+크랜베리) 80g
* **버무리는 청**: 조청 100g, 설탕 30g, 물 10g, 버터 5g
* **굳힘 도구**: 쟁반, 비닐, 식용유, 솔, 밀대, 볶음팬, 나무주걱

◉ 만드는 법

1 볶음팬을 살짝 달군 후 버무리는 청을 넣고 바글바글 끓인다.
2 청이 전체적으로 끓으면 퍼핑콩, 견과류를 넣어 실이 생길 때까지 섞는다.
3 틀에 비닐을 깔고 기름을 바른 후 완성된 오란다를 붓고 두께를 맞춘다.
4 살짝 굳으면 칼로 원하는 크기로 자른다.

Cooking Advice

- 조청을 완전히 끓인 후 재료를 넣고 약불에서 실이 나도록 섞어줘야 굳힐 때 알이 떨어지지 않는다.

개성약과

'모약과'라고도 하며 개성 지방에서 만들어 먹던 과자로 반죽에 켜가 생기도록 밀대로 밀어 한입 크기로 자른 후 기름에 튀겨서 집청한 과자

◉ 재료 & 분량

❶ 밀가루(중) 200g, 습식 찹쌀가루 50g, 소금 2g, 계핏가루 5g, 후춧가루 0.5g
❷ 참기름 50g, 청주 30g, 생강즙 20g, 물엿 50g
❸ 튀김기름 500ml
* **집청시럽**: 조청 1컵, 물 ¼컵, 생강편 약간
* **고명**: 잣가루나 금가루

◉ 만드는 법

1 냄비에 분량의 조청과 물을 붓고 생강을 얇게 썰어 넣은 후 약한 불에서 생강향이 나도록 집청시럽을 끓인다.
2 재료 ❶을 넣고 비빈 후 체에 내린다.
3 체에 내린 가루에 참기름을 넣고 비빈 후 또 체에 내린다.
4 청주, 생강즙, 물엿을 2~3회 정도 나눠서 넣으면서 설렁설렁 반죽을 섞은 후 반죽을 여러 번 겹친 상태로 밀어준다. (3~4번 반복)
5 반죽을 3×3×1.5cm로 썰어 대꼬치로 구멍을 낸다.
6 기름에 110℃에서 1번 튀기고 160℃에서 다시 한번 더 튀긴다.
7 1의 시럽에 튀긴 약과를 담아 시럽이 스며들도록 한다.

Cooking Advice

* 반죽을 손으로 치대지 말고 주걱을 이용해서 하나로 뭉쳐 휴지시킨다.
* 튀긴 약과 기름을 빨리 빼고 온기가 있을 때 집청에 담

만두과

옛 고임상 차림에 사용한 유밀과로 모양을 빚을 때 가장자리를 꼬아서 만두 모양처럼 만들어서 웃기로 사용한 한과

◉ 재료 & 분량

❶ 밀가루(중) 200g, 습식 찹쌀가루 50g, 소금 2g, 후춧가루 0.5g
❷ 참기름 50g, 청주 30g, 생강즙 20g, 물엿 50g
❸ 튀김기름
* **대추소**: 대추 10개, 계핏가루 약간, 유자청 건지 5큰술
* **집청시럽**: 조청 3컵, 물 ½컵, 생강편 약간

◉ 만드는 법

1 냄비에 분량의 조청과 물을 붓고 생강을 얇게 썰어 넣은 후 약한 불에서 생강향이 나도록 집청시럽을 끓인다.
2 재료 ❶을 넣어 비비고 체에 1차로 내린 후 참기름을 넣고 비빈 다음, 다시 한번 더 체에 내린다.
3 청주, 생강즙, 물엿을 2~3회 정도 나눠 넣어 반죽이 한 덩어리가 되도록 살짝 치댄다.
4 대추를 다져 유자청과 계핏가루를 넣어 소 반죽을 만든다.
5 반죽을 10g 크기로 떼어준다.
6 반죽에 소를 넣어 만두모양으로 가장자리를 꼬아 빚어 130℃ 기름에 튀겨낸다.
7 시럽에 튀긴 만두과를 담아 시럽이 스며들도록 한다.

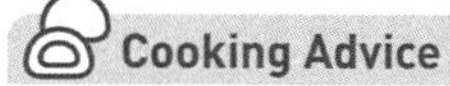

- 모양을 만든 만두과는 겉면에 수분을 말린 후 튀긴다.

간단 식혜

엿기름 우린 물에 밥알을 넣어 일정한 온도로 밥알을 삭혀 단맛을 낸 전통음료. 현대식으로는 엿기름을 우리지 않아도 바로 물과 혼합해서 밥알을 삭히도록 제조된 엿기름으로 간편하게 식혜를 만들어 볼 수 있다.

◈ 재료 & 분량

물 2L, 엿기름 티백 4봉(35~40g), 밥 200g, 생강 10g

* **단맛 설탕**: 100g

◈ 만드는 법

1 물 2L를 전기밥솥에 붓고 티백 + 밥 + 깐 생강을 넣고 보온한다. (3시간)

2 3시간 이후 물 위로 밥알이 3~4개 떠오르면 티백을 건져낸다.

3 식혜 물을 냄비에 부어 분량의 설탕을 넣고 끓여 준다. 이때 거품을 걷어낸다.

Cooking Advice

* 찐 단호박 앙금이나 자색 고구마 앙금 등을 넣어 여러 가지 맛과 여러 색의 식혜를 만들어 볼 수 있다.
* 식혜를 끓일 때 설탕으로 단맛을 조절한다.

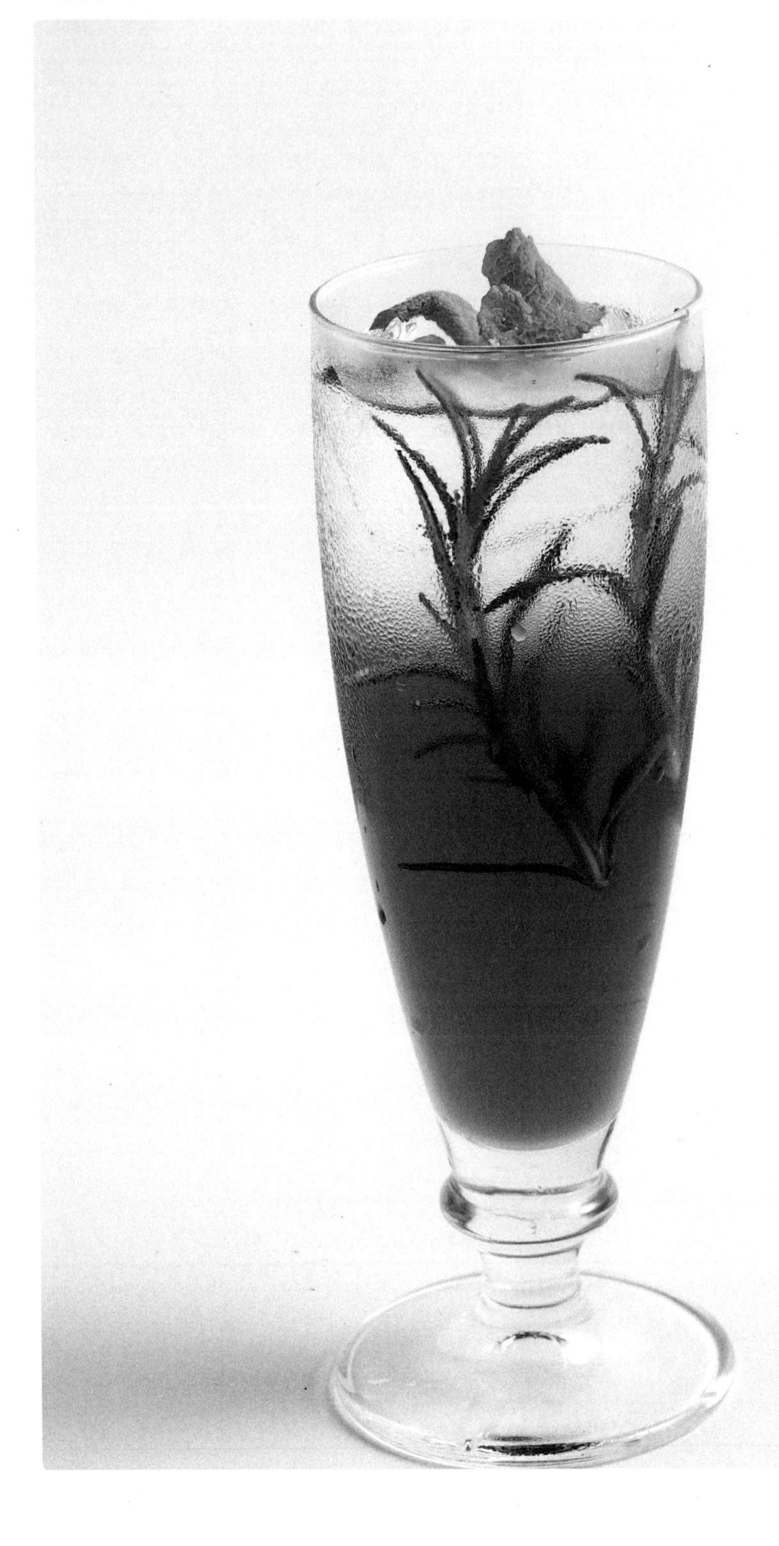

허브향 오미자 화채

한국의 산골짜기에서 자생하는 오미자(五味子)는 달고 쓰고(떫고) 시고 맵고 짠 다섯 가지의 맛이 난다고 해서 오미자라고 불린다. 전통적으로 차나 술을 담가 먹으며 화채로 이용되는 오미자에 서양의 허브를 혼합해서 만든 새롭고 청량감 넘치는 퓨전 음료

⊙ 재료 & 분량

마른(건) 오미자 50g, 물 1L, 설탕(꿀) 150g, 애플민트 10g, 로즈메리 5g, 레몬 30g

⊙ 만드는 법

1 마른(건) 오미자를 깨끗하게 씻고 물에 담가 하룻밤 정도 색과 맛을 우려낸다.

2 1의 오미자액에 설탕이나 꿀을 넣어 단맛을 낸다.

3 투명한 유리잔에 애플민트 ½을 으깨어 담고 2의 오미자 주스를 담은 후 나머지 애플민트 ½과 로즈메리, 레몬으로 장식해서 낸다.

Cooking Advice

- 간편하게 오미자 청을 이용해도 좋다
- 장식할 때 레몬 대용으로 라임을 이용해도 좋으며, 레몬과 라임을 슬라이스 하여 건조한 후 장식으로 이용해도 좋다.

흑임자 바나나 셰이크

고소한 흑임자와 달콤한 바나나에 우유 또는 두유와 꿀을 넣어 갈아 만든 건강 음료로서 농도에 따라 슬러시나 수제 아이스크림으로 응용해도 좋다.

◉ 재료 & 분량

흑임자(가루) 50g, 바나나 ½개, 우유(두유) 200cc, 꿀 2큰술

◉ 만드는 법

1 흑임자를 깨끗이 씻어 일어 건져서 볶는다.

2 볶은 흑임자를 커터에 곱게 갈고 나머지 재료를 넣어 아주 곱게 갈아준다.

Cooking Advice

- 흑임자를 커터기에 곱게 갈아 냉동 보관 후 수시로 사용하면 좋다.
- 생크림 플레인 요거트를 넣어 슬러시로 활용해도 좋다.

아이스 쌍화차

보양음료로 농축액을 만들어 따뜻하게 또는 시원하게 언제나 간편하게 즐길 수 있는 한방차

◉ 재료 & 분량

천궁 10g, 황기 10g, 당귀 10g, 작약 10g, 건강 10g, 숙지황 10g, 감초 7g, 대추 10g
* **고명**: 대추채 3g, 잣 3g, 다진 땅콩 3g

◉ 만드는 법

1 물 1L에 준비된 재료를 스테인리스 망에 담아 뭉근한 불에서 1시간 끓인다.
2 끓인 물을 다른 용기에 담아놓고 다시 물 1L를 넣고 동일하게 1시간 끓인 후 첫 번째 물을 붓고 30분 끓인 후 식혀서 꿀 또는 흑설탕을 넣고 졸여서 쌍화원액을 만들어 준다.

Cooking Advice

- 기호에 따라 따뜻한 물이나 찬물에 타서 고명을 올려서 마신다.
- 쌍화차 가루스틱을 활용해도 좋다.

백향과청

패션푸르트라고 하는 열대과일. 씨가 오도독오도독 씹히는 식감과 새콤달콤하면서 상큼한 향이 좋은 과일 비타민이 풍부해 피로해소의 1등 공신. 과육에 당을 혼합하여 청을 만들어 언제든지 음료로 활용하기에 좋다. 기호에 따라 따뜻하게도 가능하다

◈ 재료 & 분량

냉동 백향과 1kg(400g), 흰설탕 800g(100g), 물엿 300g, 소금 1g

◈ 만드는 법

1 냉동 백향과를 해동하고 모든 재료와 혼합한다.
2 저장용기에 담아 2~3시간 후 전체적으로 섞고 2~3일 동안 냉장 보관한 다음 탄산수에 타서 음용한다.

Cooking Advice

- 재료를 혼합한 후 실온에서 2~3시간 휴지한다.
- 숙성 후 소량씩 냉동 보관하면 계절 상관없이 언제든지 즐길 수 있다

참고문헌

저서

정재홍 외 6人, 우리떡 · 한과 · 음청류, 형설출판사, 2020.

김수인, 한식디저트, 파워북, 2015.

(사)한국전통음식연구소, 떡제조기능사, ㈜지구문화, 2021.

윤숙자 외 6人, 한국전통음식(떡 · 한과 · 음청류), 도서출판 열린마당, 1993.

이진택 · 문수정, 한식조리기능사 실기, 백산출판사, 2022.

강인희, 한국의 맛, 대한교과서주식회사, 1987.

하현숙, 떡제조기능사(필기 · 실기), 백산출판사, 2024.

인터넷 참고 Site

https://terms.naver.com/ 네이버 지식백과

https://ko.wikipedia.org/wiki/ 위키백과

https://100.daum.net/encyclopedia/view/ 한국민족문화 대백과 사전

https://100.daum.net/encyclopedia/view/ 대한민국식재총람

저자 소개

이진택

신안산대학교 호텔조리과 교수

조리 외식경영 & 메뉴 컨설턴트(Menu Consultant)

신경은

신안산대학교 호텔조리과 교수

前) 농촌진흥청 '한식소스 표준화 연구' 연구원

윤미리

신안산대학교 호텔조리과 교수

미리쿡 스튜디오 대표

장경태

국립순천대학교 조리과학과 교수

한국산업인력관리공단 조리기능사 실기 감독위원

정은진

정키친153 대표

한국산업인력관리공단 조리기능사 실기 감독위원

저자와의
합의하에
인지첩부
생략

떡 제조, 기초에서 응용까지

2025년 3월 10일 초판 1쇄 인쇄
2025년 3월 15일 초판 1쇄 발행

지은이 이진택·신경은·윤미리·장경태·정은진
펴낸이 진욱상
펴낸곳 (주)백산출판사
교 정 박시내
본문디자인 신화정
표지디자인 오정은

등 록 2017년 5월 29일 제406-2017-000058호
주 소 경기도 파주시 회동길 370(백산빌딩 3층)
전 화 02-914-1621(代)
팩 스 031-955-9911
이메일 edit@ibaeksan.kr
홈페이지 www.ibaeksan.kr

ISBN 979-11-6567-969-9 13590
값 23,000원